职业教育数字化融媒体特色教材

冷菜工艺

Cold Dish Technology

主编 程礼安 金晓阳 王玉宝

ZHEJIANG UNIVERSITY PRESS
浙江大学出版社

主编介绍

程礼安

浙江旅游职业学院厨艺学院中烹教研室主任，讲师，中国烹饪名师，浙江省烹饪大师，高级技师，杭菜表演大师。多次获得全国优秀指导教师、浙江省优秀指导教师称号。曾多次参与国家领导人及外宾元首接待国宴工作。于2015年参加教育部国际合作与交流司举办的中美夏令营活动。多次指导学生参加国家级、省级大学生烹饪技能比赛并获一等奖。近几年曾到访巴西、秘鲁、日本、韩国、葡萄牙、俄罗斯等十余个国家（地区）进行厨艺交流活动。主持编写《冷盘工艺学》等多本图书，发表论文十余篇。

金晓阳

浙江旅游职业学院厨艺学院院长，副教授，高级技师，中国烹饪大师，浙江工匠，浙江省技术能手，国家级大赛注册裁判员，国家级"金晓阳厨艺传承大师工作室"领办人，全国饮食服务业标准化技术委员会委员，浙江省"诗画浙江·百县千碗"美食工程智库专家组成员，第19届亚运会餐饮业务专家库成员，曾多次担任全国高职院校技能大赛烹饪赛项专家组组长，长期从事非遗美食、烹饪教育、烹饪文化相关教学研究工作。主持或参与多个省部级课题研究，出版专著《浙江饮食文化遗产研究》，主编出版多部教材。

王玉宝

浙江旅游职业学院厨艺学院副院长，副教授，营养与食品卫生学硕士，中式烹调高级技师，中式烹调国家级技能竞赛二级裁判员，中式烹调高级考评员，中国烹饪名师，浙江烹饪大师，广西餐饮行业技术能手，2016年中国杭州G20峰会警卫局服务保障工作优秀指导教师，2019年度橄榄餐厅行业教育奖项（个人），多次指导学生参加省级及以上技能竞赛并获奖。

前言

FORWARD

🎬◁ 导学

近年来，随着人民生活水平的不断提高和人们对餐饮需求的急剧增长，特别是在构建和谐社会的今天，我国普通高等职业教育、各级烹饪技能培训和各地区餐饮服务教育得到了迅猛的发展。我国普通高等教育教学工作必须着眼于国家现代化建设和人的全面发展，着力提高学生的学习能力、实践能力和创新能力。

我国高等职业教育处在改革创新发展的历史时期，规模迅速扩大。如何不断提高办学质量，已成为高等职业教育教学改革和发展的重要课题。全面推进素质教育，着力培养基础扎实、知识面广、能力强、素质高的人才，已成为当今高等职业教育的主题。教材建设是教学工作的重要组成部分。使教材适应新形势下我国教学改革的要求，与时俱进，在人才培养中发挥重要作用，已成为院校和出版人共同努力的目标。我们要抓住高等职业教育的特点，根据教学规律和课程设置的特点，从提高学生分析问题、解决问题的能力入手，强调对专业技能的训练，突出对职业素质的培养，以满足专业岗位对职业能力的要求。

本书结合我国冷菜技术涉及的各个方面，将烹饪教育与烹饪技术实践有机地结合起来，理论联系实际，侧重于职业技能的培养。这是一本图文并茂且专业性较强的冷菜制作与拼摆技术方面的教材。阅读此书既能使烹饪专业的学生尽快地适应企业的需求，又可使餐饮业的从业人员获取自己所需的相关知识与技能。

本教材是在中国烹饪首席技师、烹饪大师戴桂宝老师，中国烹饪大师刘海波、张勇等行业大师的指导下，由浙江旅游职业学院厨艺学院程礼安、金晓阳、王玉宝历时两年联合完成编写的。本教材在浙江旅游职业学院烹饪工艺与营养专业最新教学改革建设的基础上，按照五星级酒店和知名餐饮企业的厨房冷菜间的岗位工作任务进行开发，借助数字融合手段强调"手把手"示范教学，注重针对性与有效性、科学性与创新性、实践性与实用性。编入本教材的大量的技能操作理实一体视频的制作得到了浙江旅游职业学院陈颖忠老师、万振雄老师，杭州西湖国宾馆董晔辉大师，浙江西子宾馆朱启金大师，浙江广电开元名都姚高峰大师的鼎力帮助。同时，本教材还参阅了多本烹饪类图书。但由于时间仓促，书中难免存在一些错误和不妥之处，望使用本教材的专家学者、师生和广大读者提出宝贵意见，以便再版时能够进一步完善。

程礼安

2022年春

目录

第一章
中式冷菜
制作基础知识

第二章
中式冷菜
制作工艺

第二章
**中式冷菜
制作工艺**

第三章
中式冷菜
拼摆工艺

第四章
现代
冷菜、冷盘的
创新应用

第四章

**现代
冷菜、冷盘的
创新应用**

第一章

Chapter 1
中式冷菜
制作基础知识

学习
目标

1. 学习冷菜、冷盘的概念。

2. 了解中国冷盘的形成与发展时期。

3. 知道冷菜与冷盘的作用和特点。

4. 认识冷菜与冷盘制作的主要设备和工具。

5. 正确掌握选用常见冷菜烹饪原料的方法，并能进行质量鉴别。

6. 熟悉冷菜制作过程中原材料的营养保护方法与操作卫生管理。

 **冷菜、冷盘的概念**

冷菜、冷盘的
概念

一、冷菜的概念

冷菜，全国各地称呼不一，南方人多称其为冷盆、冷盘或冷碟，而北方人则多称其为冷菜、冷盘、冷荤、冷拼等。虽然南北称呼各有不同，但它们有一个共同点，那就是菜品在食用的时候处在常温状态，通常以10℃左右为最佳食用温度。这也是"冷菜"与"热菜"最主要的区别之一。当然它们也有共同之处，比如有部分冷菜也需要经过加热工序，辅以恰当的切配和调味制作，成熟后散热冷却，即所谓的"热制冷吃"，如盐水鸡、卤牛肉等。另外，还有一部分冷菜是不需要加热的，直接加工处理后，经改刀即可食用的菜肴，我们称为"冷制冷吃"，一般用于鲜活的动物性原料或脆嫩的植物性原料。

冷菜是仅次于热菜的一大菜类，有其独有的技法系统。按其烹调特征，可分为泡拌类、煮烧类、汽蒸类、烹煎类、烧烤类、炸汆类、糖粘类、冻制类、卷酿类、脱水类等十大类，这些大类中还有一些具体的方法。这说明冷菜烹调技法之多，不在热菜之下。总之，中国冷菜工艺经过数千年的形成和发展过程，虽然因地理文化上的差别，南北方在菜品称呼上有所不同，但冷菜传统烹饪文化的内涵是一样的。

二、冷盘的概念

南方的"冷盘"，在强调菜品温度的同时，似乎也更加注重菜品制作和拼摆工艺，从盘子成品组合中可以看出菜品在装盘时不是随意地拼装或堆装的，而是有序、有艺术感地进行组合。而"冷菜"则更注重菜肴的制作工艺程序。总的来说，"冷盘"的概念比"冷菜"的概念更加丰富和普及。因为北方餐饮业在制作菜品时多用鸡、鸭、鱼、肉、虾以及内脏等荤料，所以北方人称之为冷荤或冷拼。冷拼是指冷菜制好后，要经过冷却、装盘，如双拼、三拼、什锦拼盘、高三拼、花色总盘等，而成的一种技法。

冷盘就是将经过初步加工的冷菜原料调制成在常温下可直接食用的菜品，并加以艺术拼摆以达到特有的美食效果。为了达到这一特有的美食效果，在冷菜的制作过程中，我们采用以下两种基本方法。

（1）冷菜原料需要经过加热工序，一般要辅以切配和调味，并散热冷却。这里的加热是工艺过程，而冷食则是目的，即所谓"热制冷吃"。冷盘中的绝大部分菜品都是采用这一方法制作而成的，如五香牛肉、盐水鸭、红油鱼片、油爆大虾、冻羊糕、盐焗鸡等，可以说，这是制作冷盘的主要方法。

（2）冷菜原料不需要经过加热这一工艺程序，而将原料经过初步加工整理后，加以切配和调味后直接食用，这就是我们平常所称的"冷制冷吃"。这一方法主要用于一些鲜活的动物性烹饪原料，如腐乳炝虾、醉蟹、生炝鱼片等，以及一些新鲜的植物性原料，如拌黄瓜、姜汁莴苣、酸辣白菜等。

总之，冷菜工艺与冷盘工艺是两个既有区别又有联系的概念，前者主要研究冷菜的制作，后者主要研究冷菜的拼摆艺术。

第二节 冷菜、冷盘的形成与发展

冷菜、冷盘的形成与发展

一、我国冷菜、冷盘的形成

在我国古代历史上，饮食生活可以说是一个社会的等级文化现象，肴馔的优质丰富是富贵阶级经济实力和政治权力的直接表现。因此，只有通过上层社会的餐桌，才能理清中国冷盘形成与发展的轨迹。上层社会，尤其是君王贵族的宴飨，既隆重又冗长烦琐。宴飨之中，觥筹交错，乐嬉杂陈。为满足这种长时间进行的饮食活动需要，在爆、炸、煎、炒等快速致熟烹调方法产生之前，古代人无疑是以冷菜为主要菜品的。由于文字记载远远落后于生活实际的早期历史的特点，也由于今天很难再见到历史菜品实物，我们不太了解商代或更早的夏代的情况，但丰富的文字史料可以让我们比较清楚地了解到周代肴馔的基本面貌。

《周礼》便有天子常规饮食以冷食为主的记载："凡王之稍事，设荐脯醢。"（《周礼·天官·膳夫》）郑玄注："稍事，为非日中大举时而间食，谓之稍事。……稍事，有小事而饮酒。"贾公彦疏："脯醢者，是饮酒肴差，非是食馔。"这表明早在西周时期人们便已清楚地认识到冷荤宜于宴饮的特点，并形成了一定的食规。

《礼记·内则》详细记述了一些珍贵的肴馔，如淳熬、淳母、炮豚、炮牂、捣珍、渍、熬、肝膋等。这就是著名的"周代八珍"。这些肴馔既反映了周代上层社会美食的一般风貌，也反映了当时肴馔制作的一般水准。但更重要的是，我们从中似乎也可以找出一些冷盘的雏形。

"周代八珍"又叫"珍用八物"，是专为周天子准备的宴饮美食。它由两饭六菜组成，具体含义如下。

淳熬：肉酱油浇大米饭。

淳母：肉酱油浇黍米饭。

炮豚：煨、烤、炸、炖乳猪。

炮牂：煨、烤、炸、炖母羊羔。

捣珍：合烧牛、羊、鹿的里脊肉。

渍：酒糟牛、羊肉。

熬：类似五香牛肉干。

肝膋：烧烤肉油包狗肝。

"周代八珍"推出后，历代争相仿效。元代的"逈北（即塞北）八珍"和"天厨八珍"，明清的"参翅八珍"和"烧烤八珍"，还有"山八珍""水八珍""禽八珍""草八珍"（主要是名贵的食用菌）、"上八珍""中八珍""下八珍""素八珍""清真八珍""琼林八珍"（科举考试中的美宴）、"如意八珍"等，都由此而来。

由此可见，中国的冷盘萌芽于周代，并经历了冷盘和热菜兼有和兼承的漫长历史。可以说，在先秦时代，冷盘还没有完全从热菜系列中独立出来，尚未成为一种特定的菜品类型。

二、我国冷菜、冷盘的发展

唐宋时期，冷盘的雏形已经形成，并在此基础上有了很大的发展。这一时期，冷盘逐步从看馔系列中独立出来，并成为酒宴上的特色佳肴。

在唐朝的《烧尾筵》食单中，就有关于用五种肉类拼制成"五牲盘"的记述。

宋代陶谷的《清异录》中的记述更为详尽："比丘尼梵正，庖制精巧，用鲊膢、脍脯、醢酱、瓜蔬，黄赤杂色，斗成景物。若坐及二十人，则人装一景，合成辋川图小样。"这段记载描述了当时技艺非凡的梵正女厨师，利用腌鱼、烧肉、肉丝、肉干、肉酱、豆酱、瓜类、菜类等富有特色的冷盘材料，设计并拼摆出了20个独立成景的小冷盘，创造性地将它们组合成兼有山水、花卉、庭园、馆舍的"辋川别墅式"大型风景冷盘图案。这充分反映了在唐宋时期我国的冷盘工艺技术已达到了相当高的水平。

明清时期，冷盘技艺日臻完善，制作冷盘的材料及工艺方法也在不断创新。很多工艺方法为专门制作冷盘材料而独立出来，如糟法、醉法、酱法、风法、卤法、拌法、腌法等。用于制作冷盘菜品的原料也有了很大的扩展。植物类有茄子、生姜、冬瓜、茭白、蕹菜、蒜苗、绿豆芽、笋、豇豆等，动物类有猪肉、猪蹄、猪肚、猪腰、猪舌、羊肉、羊肚、牛肉、牛舌、鸡肉、青鱼、螃蟹、虾子等，以及一些海产类和奇珍异味，如海蜇、乌贼、比目鱼、蛏子、生蚝、象拔蚌、江瑶柱等，都是这一时期用于制作冷盘菜品的常用原料。这充分说明了在明清时期我国的冷盘工艺技术已达到了非常高超的水平。

随着历史的发展，我国冷盘技艺也在不断提高和发展。冷盘逐渐从热菜中独立出来，成为一种独具风味的菜品系列：由贵族在宴饮中独嗜到平民百姓共享；由品种单调贫乏到品种丰富繁多；由工艺技术简单粗糙到工艺技术精湛细腻。尤其是近半个世纪以来，我国的冷盘工艺技术更是突飞猛进。烹饪工作者在挖掘、继承我国传统烹饪工艺技术的基础上推陈出新，使冷盘成为我国烹饪艺坛中的一朵鲜艳的奇葩。

第三节 中式冷盘的特点

🎬 中式冷盘的特点

一、冷菜的特点

冷菜虽然是从热菜发展而来的，但是它有独特的一面，其切配方法和烹调方式与热菜截然不同。

冷菜的主要特点是：选料精细，菜品口感干香、脆嫩、爽口、不腻，色彩艳丽，造型整齐美观，拼摆装盘和谐悦目。在制作菜品的过程中，冷菜的许多菜品能重新组合成一种新的菜品，不需要重复加热，因此冷菜制作变化多样、操作方便快捷、菜肴成品营养丰富的特点比较突出。此外，冷菜还具有以下特点。

（一）滋味稳定

冷菜冷食，不受温度所限，即便搁久了滋味也不会受到影响。这就适应酒宴上宾主边吃边饮、相互交谈的需求，所以它是理想的饮酒佳肴。

（二）常以首菜入席，起着先导作用

冷菜常以首菜入席，很讲究装盘工艺，其优美的形、色，对整桌菜肴的水准有一定的影响。特别是一些图案装饰冷盘，不仅能引诱食客的食欲，而且对于活跃宴会气氛也能起到锦上添花的作用。

（三）风味殊异，自成一格，可独立成席

冷菜由于风味殊异，自成一格，所以还可独立成席。如冷餐宴会、鸡尾酒会等，菜肴主要由冷菜组成。

（四）可以大量制作，便于提前备货

由于冷菜不像热菜那样必须随炒随吃，因此可以提前备货，便于大量制作。若开展方便快餐业务或举行大型宴会，冷菜还能缓和烹饪时间的紧张程度。

（五）便于携带，食用方便

冷菜一般具有无汁、无腻等特点，因此便于携带。它还可作为馈赠亲友的礼品。此外，冷菜还具有食用方便的特点。例如，冷菜可在旅途中食用，不需加热，也无须依赖餐具。

（六）可作为橱窗的陈列品，起着广告作用

由于冷菜没有热气，又可以久搁，因而可作为橱窗陈列的理想菜品。这既能反映企业的经营面貌，又能展示厨师的技术水平，对于饭店开展业务、促进饮食市场的繁荣，具有一定的积极作用。

二、冷菜与热菜的区别

冷菜与热菜相比，在制作上除了原料初加工基本一致外，明显的区别是：前者一般是先烹调，后刀工；而后者则是先刀工，后烹调。热菜一般是利用原料的自然形态或原料的割切、加工复制等手段来构成菜肴的形状；冷菜则以丝、条、片、块为基本单位来组成菜肴的形状，并有单盘、拼盘以及工艺性较高的花鸟图案冷盘之分。热菜调味一般都能及时见于效果，并多利用勾芡以使调味分布均匀，冷菜调味强调"入味"，或是附加食用调味品。热菜必须通过加热才能使原料成为菜品，冷菜有些品种无须加热就能成为菜品。热菜是利用原料加热以散发热气使人嗅到香味，冷菜一般讲究香料透入肌里，使人食之越嚼越香。所以素有"热菜气香""冷菜骨香"之说。冷菜和热菜一样，其品种既有常年可见的，也有四季有别的。冷菜的季节性以"春腊、夏拌、秋糟、冬冻"为典型代表。这是因为冬季炮制的腊味，需经一段"着味"过程，只有到了开春时食用，始觉味美；夏季瓜果蔬菜比较丰盛，为冷拌菜提供了广泛的原料；秋季的糟鱼是增进食欲的理想佳肴；冬季气候寒冷，有利于羊羔、冻蹄烹制冻结。可见，冷菜的季节性是随着客观规律变化而形成的。现在也有反季供应，因为餐厅都有空调，有时冬令品种放在盛夏供应，更受消费者欢迎。冷菜的风味、质感也与热菜有明显的区别。总体来说，冷菜以香气浓郁、清冷爽口、少汤少汁（或无汁）、鲜醇不腻为主要特色。具体又可分为两大类型：一类是以鲜香、脆嫩、爽口为特点；另一类是以醇香、酥烂、味厚为特点。前一类的制法以拌、炮、腌等为代表，后一类的制法则以卤、酱、烧等为代表，它们各有不同的内容和风格。

冷菜在宴席和宴会上作为头道菜有两种意义：一是利用冷菜成菜和上菜速度快的特点，让食用者在等待热菜上桌期间有菜可吃，避免出现食客等热菜时无菜可吃的尴尬局面。二是利用冷菜品种多样、色彩丰富和易造型的特色，使宴席中的菜品更丰富多彩。它给食用者进餐时增添了更多的享受，还可以增添餐桌上的文化氛围。

冷菜的形成是热菜工艺的一种演化，是热菜发展中"扬弃"后的产物，是将热菜升华成一种别具特色的风味菜品。冷菜取之于热菜，又胜于热菜。冷菜制作技术中包含着许多热菜制作技术成分，冷菜理论知识中含有许多热菜理论知识。因此，要想掌握冷菜制作技术，就需要先掌握热菜制作技术知识，这样才能理解和掌握冷菜菜肴的制作工艺。

第四节　冷菜的作用及制作要求

冷菜的作用及
制作要求

一、冷菜工艺在烹饪文化中的作用

冷菜的特殊地位决定了冷菜在宴席和宴会中有烘托气氛的作用。冷菜又有引人食欲的作用，优秀的冷菜菜品能使食用者胃口大开。冷菜对烹调工作者而言，能起到体现制作者文化水平和高超技艺的作用，食用者在品尝菜品时就能了解制作者的精湛技艺。

有人认为，中国冷菜工艺在宴席中所起的作用在某些方面甚至胜过了热菜工艺和面点工艺。它是一项集刀工、烹调、色彩、选配、营养等于一身的特有技术。相对面点、热菜、食品雕刻等技术工艺，它集各项技术优势于一身，又充分发挥各项技术的特点，将其中的烹饪技法重新组合成一种新的工艺，它将优秀的中国烹饪文化和技术工艺展现得淋漓尽致。

中国冷菜的发展道路曲折而漫长。在封建社会时期，冷菜菜品仅为皇宫贵族所享用，平常百姓只能在逢年过节时做一些粗糙小菜填饱肚皮，没有条件接触冷菜的优秀菜品。民间厨师也仅会制作一些下酒菜、小菜、拌菜等低级菜肴。虽说这个时期冷菜在皇宫贵族中已经普及，但在平常百姓中没有得到认识，因此冷菜工艺在中国封建社会未得到充分发展。综观世界烹饪发展历史，法国菜要比中国菜先一步被世界所瞩目。现代世界饮食行业最受青睐的两大饮食风尚是中国菜和法国菜，其中法国菜早在19世纪中叶就得到了发展壮大，它在那时就确立了世界级的饮食地位。在当时，法国厨师创造的菜品具有菜式豪华、形式高雅、营养丰富、艺术感强等特点，法国厨师也将其称为"皮爱斯·蒙特"，意思是将菜品装点得高雅华贵。从那时起，法国菜就确立了其文化地位，在法国厨师被人们当作理想职业之一，为人们所推崇。

"只有中国冷菜是最能发挥日本厨师思维的一门罕见的烹饪艺术"，这是日本烹饪学者和美食研究家研究中国菜后发出的感言。世界有名的日本泡菜和腌菜，其制作工艺和制作方法就受到了中国冷菜工艺的启发，中国冷菜拼摆菜肴也经常被日本厨师用在重大的宴席上。

古代思想家孔子曰："食不厌精，脍不厌细。"在中国烹饪不断发展的进程中，冷菜工艺充分体现着这一思想。中国冷菜制作时的精心筹划、精细制作、精巧包装等工序是其他菜品所不能及的。近半个世纪以来，随着中国经济社会的不断发展，人们生活水平日益提高，人们对餐饮的要求越来越高，从温饱到享受，再到要吃得科学、吃得营养、吃得健康、吃得有情趣等，冷菜的发展就能体现出这种发展趋势。我国的冷菜工艺受到世界餐饮大市场的影响，并已受到世界的瞩目，冷菜菜肴更是得到世界美食家的认可。

21世纪，中国冷菜制作工艺得到突飞猛进的发展，我国的烹饪工作者在挖掘和继承

传统工艺的基础上不断推陈出新。我国广大的厨师要十分重视冷菜的制作工艺，要继承和发展这项宝贵的烹饪技艺，推动中国烹饪文化的发展；同时要努力创造出更多优秀的冷菜作品，为中国烹饪跻身世界顶级烹饪做出应有的贡献。

二、中式冷菜在餐饮市场中的作用

冷菜工艺是烹饪工作者在长期的实践中总结出来的科学技艺，它的形成对中国烹饪文化的发展贡献巨大，对日益繁荣的餐饮行业作用重大。它的形成不仅丰富了餐饮市场，而且打破了以聚餐为主的就餐形式，扩充了餐饮市场，推进了餐饮市场的蓬勃发展。

冷菜工艺是中国灿烂饮食文化遗产的重要组成部分。冷菜是饮食活动中不可或缺的菜肴。如今它是烹饪工作者最为熟悉的一个领域，在人们餐饮消费中的份额日趋高涨。中国冷菜这些年来迅速流行，上至大饭店，下至小餐馆，广为传播。它为什么如此受人们青睐？它的魅力何在？这是由冷菜在宴席、宴会中的重要地位决定的。

中国宴席中首先上冷菜，冷菜在宴席中是最先与食用者见面的菜，故有宴席"脸面"之称，是宴席和宴会的"开路先锋"。它的好坏决定整个宴席或宴会质量的优劣，是食用者对宴席和宴会的第一印象。冷菜的这个地位是其他菜品不可代替的。如果烹饪工作者重视了这一点，就会在置办宴席时达到事半功倍的效果；如果经营者重视了这一点，就会使自己名利双收，并且在竞争激烈的餐饮行业中立于不败之地；如果食用者重视了这一点，会使其在就餐时在得到物质享受的同时得到精神上的享受。冷菜在宴席和宴会中具有举足轻重的地位。

三、冷菜工艺的制作要求

（一）烹调方法的要求

制作冷菜时除必须使做好的成菜口感干香、脆嫩、爽口、不腻等外，还要使其成品味透肌里、品有余香。许多中国名菜有较长的生命力，常被食用者所赞许，它们的共同特点是能让人们认可其味道。味道不好，不能引人食欲；口感不好，不能回味无穷。制作冷菜时重在调味，不仅要使做出的菜品口味丰富、复合味多，还要原味突出、表里一致，这样才能算一道好菜，才能让人们有再吃的欲望。

（二）创作菜品风味的要求

根据原料自身不同的质地，制作出的冷菜菜品要有不同的风味特点。制作上要千变万化，不要千篇一律，必须充分发挥调味的作用，使制作出的冷菜特点突出、风味独特。热菜的大部分菜品变化异曲同工，而冷菜的大部分菜品变化丰富多彩，它充分体现了原料质地的不同、地域的差异、口感的变化以及原料之间的营养互补。比如，热菜中的酱爆鸡丁、酱爆肉丁、酱爆虾仁等风味特点基本一样，而冷菜中的酱猪蹄、酱鸡肉、酱牛肉等就能各具特色、一菜一格。

（三）切配的要求

刀工是决定冷菜成形的主要工序之一。切配冷菜时要做到刀工细腻、富于变化。冷菜菜品在制作、装盘和拼摆前都需要进行精细的刀工改形处理，这称为冷菜成形的"三部曲"。刀工是使冷菜成形的重要手段。经过刀工精细处理后的冷菜不但方便食用，而且容易拼摆和造型，刀工的运用能使菜品的色、香、味、形、意更加突出，还能使食用者进餐时赏心悦目。刀工运用的好坏决定着冷菜造型的成败，作用得当可使冷菜造型美观大方，从而达到增加菜品美感和增进食用者食欲的目的。

（四）拼摆、装盘的要求

冷菜菜品装盘时可以相互穿插，灵活组合，合理拼装成一个新菜品。因此，在盛装上要做到主料与主料、辅料与辅料、调料与调料、菜品与盛器之间的色彩搭配与调和。冷菜的菜品之间可重新组合，使菜品增色添彩，更益于食用。

（五）成本核算和节约原料的要求

制作冷菜时，要在保证质量的前提下节约原料，尽量减少不必要的浪费，要在用料上做到物尽其用。冷菜的原料都是精挑细选而来的，冷菜装盘时如有边角料应该另行加工成其他冷菜制品，不能弃而不用。

 # 第五节　冷菜的营养与卫生

冷菜的营养与卫生

一、冷菜的营养平衡

（一）营养平衡的内涵

营养平衡，就是按人们身体的需要，根据食物中各种营养物质的含量，设计一天、一周或一个月的食谱，使人体摄入的蛋白质、脂肪、碳水化合物、维生素和矿物质等营养素比例合理，使人体消耗的营养与从食物获得的营养达成平衡。

平衡膳食、合理营养是健康饮食的核心。平衡且合理的营养可以保证人体正常的生理功能，促进健康和生长发育，提高机体的免疫力和抵抗力，有利于某些疾病的预防和治疗。平衡膳食主要从膳食结构方面保证营养的需要，以达到营养合理，它不仅要考虑食物中含有的营养素的种类和数量，而且还必须考虑到烹饪加工过程中如何提高消化率和减少营养素损失的问题。合理营养要求膳食能供给机体所需的全部营养

素，不发生缺乏或过量的情况。

（二）冷菜营养平衡的意义

营养搭配的目的是维护和保持人体健康。人体健康不仅包括身体健康，而且还包括具有良好的工作状态和心理健康，以及对各种环境的适应能力。合理营养是健康的基石，不合理的营养是疾病的温床。通过营养搭配使食物中营养素供给达到一个恰到好处的量，这个"量"既要避免某些营养素的缺乏，又不会使机体过量摄入某些营养素而引起营养不平衡。

在实际工作中，对冷菜进行营养搭配具有以下意义。

（1）可将各类人群的膳食营养素参考摄入量具体落实到食用者每天的膳食中，使他们能按需要摄入足够的能量和各种营养素，同时又防止营养素或能量的过量摄入。

（2）可根据特定群体对各种营养素的需要，结合地域特点及食物的品种、生产季节、经济条件和厨房烹调水平，合理选择各类食物，达到平衡膳食。

（3）通过编制营养食谱，可指导餐饮管理人员有计划地管理膳食产品质量，也有助于家庭有计划地管理其膳食结构和成本核算。

（4）冷菜营养搭配能更好地满足消费者对营养的需求，减少铺张浪费，树立健康、包容、和谐的餐饮企业形象，增强企业的市场竞争力。

二、冷菜制作中营养素的流失途径

食物中的营养素会因烹制方法不当而受到一定损失，其主要是通过流失和破坏两个途径造成的。

（一）流失

流失是指菜品中的营养素失去了完整性，如受日光、盐渍、淘洗等因素影响使营养物质通过蒸发、渗出或溶解而丢失，致使营养素损失。

（1）蒸发。由于日晒或热空气的作用，食物中的水分蒸发、脂肪外溢导致干枯。阳光中的紫外线是造成维生素破坏的主要因素。在此过程中，维生素C损失较大，同时还有部分风味物质被破坏，因而食物的鲜味也会受到一定的影响。

（2）渗出。由于食物的完整性受到损伤或添加了某些高渗透压物质（如盐、糖等），改变了食物的内部渗透压，食物中的水分渗出，某些营养物质也随之外溢，从而使营养物质（如脂肪、维生素等）不同程度受到损失。这主要见于盐腌、糖渍等菜品。

（3）溶解。食品在初加工、切配、烹制过程中，因方法不当，会使水溶性蛋白质和维生素溶于水中，这些营养物质会随淘洗水或汤汁丢失，造成营养素的损失。

（二）破坏

食物中的营养素破坏，是指因受物理、化学或生物因素的作用，食物中的营养物质分解、氧化、腐败、霉变等，从而丢失了食物原有的基本特性。其破坏的原因主要有食物的保管不善或加工方法不当等，致使食物霉变、腐烂、生芽等。例如，保存过程中蛋品的胚胎发育、烹制时的高温、不适当的加碱、加热时间过长以及菜品烹制后放置的时间过长等，都会使营养素遭到破坏。

（1）高温作用

食品在高温环境下烹制时，如油炸、油煎、烟熏、烘烤或长时间炖煮等，菜品受热面积大、时间长，使某些易损营养素遭到破坏。例如，油炸菜品时，其维生素B_1损失60%，维生素B_2损失40%，维生素B_3损失近50%，而维生素C几乎全部被破坏。

（2）化学因素

①配菜不当。将含鞣酸、草酸多的原料与含蛋白质、钙类较高的食物原料一起烹制或同食时，这些食物会形成不能被人体吸收的鞣酸蛋白、草酸钙等，从而降低了食物的营养价值，甚至还会引起人体的结石症。

②不恰当地使用食用碱。在菜品烹制过程中，食用碱的不恰当使用（如绿色蔬菜焯水时加碱等），会使原料中的维生素B和维生素C遭到很大程度的破坏，若需加碱的菜品一定要限量添加。

③脂肪氧化酸败。脂肪氧化酸败也是营养物质受损的一个因素。动植物类脂肪，在光、热等因素作用下易氧化酸败，失去其食用价值，同时还会使脂溶性维生素受到破坏。

（3）生物因素

这主要是指食物自身生物酶的作用和微生物的侵袭。例如，蛋品的胚胎发育、蔬菜的呼吸作用和发芽，以及食物的霉变、腐败变质等，都会造成食物食用价值的改变。

三、冷菜制作中的卫生控制与管理

冷菜的卫生是厨房生产始终需要强化的至关重要的方面。冷菜厨房卫生是指所使用的原料、生产设备及工具、加工环境，以及相关的生产和服务人员及操作的卫生要符合《中华人民共和国食品安全法》（以下简称《食品安全法》）相关规定及行业规范。冷菜制作从原料选择开始，到加工生产、烹制和销售的全过程都要确保食品处于绝对卫生的状态。冷菜的卫生直接关系到消费者的身心健康，影响餐饮经营的成败，因此本小节从食品安全法律规范、行业规范中的冷菜间的卫生管理制度、卫生操作流程及标准进行论述，以使餐饮及厨房管理人员在明确卫生重要性的同时更加行之有效地强化厨房卫生管理。

（一）食品安全法律规范

1.《食品安全法》概述

《食品安全法》是用以调整、监督、管理食品生产经营过程中产生的各种社会关系的行为规范的总和。所有食品生产经营企业、食品卫生监督管理部门和广大人民群众都应深刻认识并遵照执行。餐饮企业特别是冷菜间菜肴生产，更应自觉以该法为准绳，制定各项管理制度，督导生产活动，切实维护企业形象和消费者利益。

2.《食品安全法》对餐饮企业冷菜的卫生要求

（1）菜肴的卫生要求

●菜肴应当无毒、无害，符合应当有的营养要求，具有相应的色、香、味等感官性状。

●专供特色人群的主、辅菜品，必须符合国家卫生行政部门制定的营养、卫生标准。

●菜肴中不得加入药物，但按照传统既是食品又是药品的作为原料、调料或者营养强化剂加入的除外。

（2）冷菜生产过程的卫生要求

●保持冷菜间的内外环境整洁，采取消除苍蝇、老鼠、蟑螂和其他有害昆虫及其滋生条件的措施，与有毒、有害场所保持规定的距离。

●应当有与菜肴品种、数量相适宜的烹饪原料处理、加工、装盘、储存等设备或用具。

●应当有相应的消毒、更衣、盥洗、照明、防腐、防尘、防蝇等设备。

●餐具、饮具和盛放直接入口食品的容器，使用前必须洗净、消毒，炊具、用具用后必须洗净，保持清洁。

●贮存菜品的容器、包装、工具、设备和条件必须安全、无害，保持清洁，生熟分开，防止食品污染。

●制作经营人员应当时刻保持个人卫生，生产、销售食品时，必须将手洗净，穿戴清洁的工作衣、帽，并佩戴一次性食品加工手套。

●用水必须符合国家规定的城乡生活饮用水卫生标准。

●使用的洗涤剂、消毒剂应当对人体安全、无害。

（3）禁止生产经营的食品

●腐败变质、油脂酸败、霉变、生虫、污秽不洁、混有异物或者其他感官性状异常，可能对人体健康有害的。

●含有毒、有害物质或者被有毒、有害物质污染，可能对人体健康有害的。

●含有致病性寄生虫、微生物的，或者微生物毒素含量超过国家限定标准的。

●未经兽医卫生检验或者检验不合格的肉类及其制品。

●病死、毒死或者死因不明的禽、畜、兽、水产动物等及其制品。

●容器包装污秽不洁、严重破损或者运输工具不洁造成污染的。

●掺假、掺杂、伪造，影响营养、卫生的。

●用非食品原料加工的，加入非食品用化学物质的或者将非食品当作食品的。

- 超过保质期限的。
- 为防病等特殊需要，国家卫生行政部门或者省、自治区、直辖市人民政府专门规定禁止出售的。
- 含有未经国家卫生行政部门批准使用的添加剂的，或者农药残留超过国家规定容许量的。
- 其他不符合食品卫生标准和卫生要求的。

（4）食品添加剂的卫生要求

生产经营和使用食品添加剂，必须符合食品添加剂使用卫生标准和卫生管理办法的规定；不符合卫生标准和卫生管理办法的食品添加剂，不得经营、使用。

（5）食品容器、包装材料和食品用工具、设备的卫生要求

食品容器、包装材料和食品用工具、设备必须符合卫生标准和卫生管理办法的规定。食品容器、包装材料和食品用工具、设备的生产必须采用符合卫生要求的原材料。产品应当便于清洗和消毒。

（二）冷菜间卫生管理制度

1.冷菜间计划卫生管理制度

（1）对一些不易污染、不便清洁的区域（如大型制冷设备），实行定期清洁、定期检查制度。

（2）切配用的刀具、砧板、缸盆等用具，每日上下班都要清洗。

（3）厨房屋顶、天花板每两个星期至少清扫一次。

（4）每周规定一天为厨房卫生日，各岗位彻底打扫包干区域及其他卫生死角，并进行全面检查。

（5）计划卫生清洁范围，由所在区域工作人员及卫生包干区责任人负责；无责任人及公共区域，由厨师长统筹安排清洁工作。

（6）每期计划卫生结束之后，需经厨师长检查，其结果将与平时的卫生检查结果一起作为员工奖惩依据之一。

2.冷菜间卫生检查制度

（1）工作人员应积极配合定期健康检查，被检查认为不适合从事厨房工作者，应自觉服从组织决定，支持厨房工作。

（2）工作人员必须保持个人卫生，衣着整洁；上班首先必须自我检查，领班对所属员工进行复查，凡不符合卫生要求者，应及时予以纠正。

（3）厨师长按计划日程对厨房死角进行检查，卫生未达标的项目，限期整改，并进行复查。

（4）针对工作岗位、食品、用具、包干区及其他日常卫生，上级应每天对下级进行逐级检查，发现问题及时处理。

（5）每次检查都应详细记录，结果予以公布，成绩与员工奖惩挂钩并及时兑现。

3. 冷菜间日常卫生制度

（1）冷菜的生产、保藏必须做到专人、专室、专工具、专消毒，制定单独冷藏制度。

（2）非冷菜间人员不得随意进出冷菜间，个人生活用品及杂物不得带入冷菜间。

（3）冷菜间工作人员要严格注意个人卫生，在预进间二次更衣，穿戴洁净的衣、帽、口罩和一次性手套，严格执行洗手、消毒规定，洗涤后用75%浓度的酒精棉球消毒。操作中接触生原料后，在切制冷荤熟食、冷菜前必须再次消毒；使用卫生间后，必须再次洗手消毒。

（4）冷菜间应安装空调系统，且室内温度不得超过25℃。

（5）冷菜间的工具、用具、容器必须专用，同时严格做到生熟食品分开，生熟工具（刀、砧板、盆、秤、冰箱等）严禁混用，避免交叉污染。

（6）供加工凉菜用的蔬菜、水果等食品原料必须洗净消毒，未经洗净处理的不得带入凉菜间。

（7）冷荤熟食在低温处存放超过24小时要回锅加热。出售的冷荤食品必须每天化验，化验率不低于95%。

（8）冷菜间的紫外线消毒装置（强度不低于70微瓦/平方厘米）要定时开关，进行消毒杀菌。

（9）加工熟食卤菜要先检查食品质量，原料不新鲜的不加工。熟食卤菜要在其他安全场所加工，加工完成后方可进入冷菜间改刀配制，剩余的存放在熟食冰箱内。

（10）冷荤专业刀、砧板、抹布每日用后洗净，次日用前消毒。砧板定期用碱水进行刷洗消毒。

（11）各种凉菜现配现用，尽量当餐用完，隔餐隔夜的改刀熟食及冷盘凉拌不能再做凉菜供应。

（12）盛装冷菜、熟食的盆、盛器每次使用前要刷洗、消毒。

（13）各种凉菜装盘后不可交叉重叠存放，传菜从食品输送窗口进行，禁止服务员直接进入冷菜间端菜。

（14）存放冷菜熟食的冰箱、冷柜门的拉手，须用消毒小毛巾套上，每日更换数次。

（15）冷菜间的厨师应保持"四勤"，即勤洗澡、勤洗手、勤理发、勤换衣，身上无异味。

（16）加工结束后，将剩余食品冷藏，清理室内卫生。

4. 冷菜间卫生操作流程及标准

制定规范而科学的冷菜间的卫生操作流程及标准，并根据此标准来进行督导，检查冷菜间员工的执行情况，可以增强管理人员的卫生管理意识，规范员工的操作程序，起到防患于未然的效果。

（1）冷藏冰箱

操作流程：

●断电后打开冰箱门，清理出里面的物品。

- 用消毒水擦洗内壁、货架、密封皮条等，清理出冰箱底部的杂物，包括污水及菜汤等。
- 用施康消毒水（以1∶100比例调配）擦洗冰箱内壁1~2遍。
- 再用干净的清水擦洗1~2遍，并把里面的水擦干。
- 把再次加热消毒后的原料和当天新做的半成品或成品晾凉后放入消毒过的容器中并加盖或用保鲜膜封闭，依据先进先出的原则放入冰箱，连通电源，调节冰箱温度至适宜的范围。
- 冰箱外部用调好的消毒水擦至污物完全脱落后，用清水反复擦洗两遍至无任何污物，再用毛巾把冰箱整个外部擦干至光亮。

标准：设备运转正常且制冷温度适宜，内部干净、无油污、无积水、无杂质、原料摆放整齐有序，符合《食品安全法》及行业卫生标准。外部干净明亮。应该回炉加热消毒的原料，消毒冷却后方可存入冰箱。

（2）冷冻冰箱

操作流程：

- 断电后打开冰箱门，清理出里面的物品。
- 用抹布清理出冰箱中的杂物及污水、油污、制冷管上的冰块等。
- 用洗涤剂溶液擦洗冰箱四壁及其货架、密封皮条、排风口、制冷管等上面的脏物。
- 再用清洁水反复擦洗冰箱内部的各个部位直至无任何不洁之处。
- 整理好各种原材料，如需要更换保鲜盒、保鲜膜的应及时更换，注意检查是否有变质的食物，如有应及时处理。
- 按照原料的类型，将其整齐有序地摆放在冰箱内，连通电源，调至适宜的温度。
- 冰箱外部用调好的消毒水擦至污物完全脱落后，用清水反复擦洗两遍至无任何污物，再用毛巾把冰箱整个外部擦干至光亮。

标准：具体参见"冷藏冰箱"相关要求。

（3）地面

操作流程：

- 用扫帚把地面及死角处的杂物清扫干净。
- 用拖把蘸上洗涤剂溶液，从里向外拖擦地面。
- 用清水冲洗干净拖把，反复拖擦两遍。

标准：地面干净、无油污、无杂物、不打滑、无水迹。

（4）墙壁

操作流程：

- 用抹布蘸洗涤剂溶液，从墙面顶端向下擦洗墙壁，对墙砖连接处应特别注意擦洗，避免杂质遗留在缝隙当中。
- 用抹布蘸清水反复擦2~3次，以去除洗涤剂的味道及墙壁污物。
- 用干抹布擦掉墙面的水滴。

标准：墙面光亮干净、无水迹、无污渍。

（5）砧板

操作流程：

●用刀具将砧板上的木屑刮削一下，或用木工刨子刨削，使砧板无污物、彻底清洁，并使砧板保持平整。

●使用前用热水擦洗干净后，用3∶1000优氯净溶液反复擦洗消毒，再用清水洗净，然后竖放在通风处。

●每天开餐前还应该用开水煮20分钟以上。

标准：砧板表面平整、无油渍、无裂痕、无异味。

（6）刀具

操作流程：

●清除刀具表面污渍，若刀具长时未用而生锈，应用磨刀石磨掉。

●用洗涤剂溶液清洗掉刀具上的油脂后，再用消毒液浸泡30分钟。

●把用消毒液浸泡后的刀具用清水清洗干净后，用抹布擦干水，放在通风处定位存放。

标准：无油渍、无铁锈、无卷口、刀锋利。

（7）熟食盛器

操作流程：

●使用前用洗涤剂溶液清洗至无油渍、无杂质。

●用消毒设备消毒或用开水煮10分钟。

●冲洗干净后，用消毒毛巾把水擦拭干净。

标准：盛器干净光亮、无水滴，专柜保存。

（8）紫外线消毒

操作流程：

●定期检查其灯管是否安全有效，如有问题及时更换，每天下班前开紫外线消毒20分钟。

●用抹布将灯管、灯罩擦洗干净。

标准：无飞虫、无菌、无污渍，紫外线正常工作。

（9）水池

操作流程：

●用工具将水池内的杂质扫至漏斗上，将漏斗提出，把杂质倒入垃圾桶。

●用洗涤剂把漏斗清洗干净。

●倒适量的洗涤剂在刷子上，用刷子刷水池，然后用清水冲洗干净。

●把漏斗安装好，用干抹布擦净水池上的水。

标准：无杂物、无油渍、无积水、水流畅通。

（10）操作台

操作流程：

●在操作台上进行切配之前，应用洗涤剂溶液把不锈钢操作台面擦洗一遍，用清水洗净。

●再用稀释好的消毒水擦拭一遍，最后用干毛巾抹干水迹。

标准：台面干净、光亮、无污染物。

注意：原料不能与台面直接接触，切配好的原料应放入消毒后的专用盛器中，随时保持操作台面的整洁。

习题与实训

1. 冷菜制作中的营养搭配要注意哪些事项？

2. 在制作冷菜的过程中，其营养素流失的途径有哪些？

3. 在冷菜制作过程中，如何加强卫生管理？

4. 针对不同体质的消费者，当季节变化时在冷菜营养搭配过程中应如何做到营养平衡？

5. 冷菜间日常卫生管理制度包括哪些？

6. 冷菜制作过程中调味品对营养素有何影响？

7. 运用冷菜卫生操作流程及标准对你校烹饪实训室的卫生状况进行检查，总结其是否符合卫生要求。

第一章练习题

Chapter 2
第二章
中式冷菜
制作工艺

学习
目标

1. 认识冷菜、冷盘设备和工具。

2. 掌握冷菜、冷盘设备和工具的使用及保养。

3. 能正确选用常见的烹饪原材料。

4. 能正确鉴别常见冷菜原料的质量。

5. 能掌握各种冷菜烹调方法的操作要领。

6. 熟悉特殊冷菜原料的加工制作方法。

7. 学会冷菜常用汁水及复合味的调制。

8. 掌握复合调味品的制作及各种冷菜制作。

冷菜、冷盘是我国烹饪艺坛中的奇葩，是我国人民几千年来智慧的结晶，它将艺术与菜肴巧妙地融为一体，造福人类。为了继承和发扬这门技艺，提高制作水平，我们必须认真学好基础知识，将这门技艺进一步发扬光大。

第一节　冷菜与冷盘制作的主要设备与工具

🎬 主要设备与工具

在制作冷菜、冷盘的过程中，必须借助一定的设备和工具。当今厨房设备和工具越来越先进、美观、耐用且多功能，这对提高菜肴质量、减轻员工劳动强度、改善工作环境、提高工作效率起到了非常重要的作用。烹调人员必须熟练地掌握各种设备和工具的结构、性能、用途及使用方法，这样才能运用自如，使制作出的冷菜、冷盘制品达到理想的效果。

一、冷菜与冷盘制作的主要设备

炉灶是冷菜的主要加热设备，其种类也有很多，因全国各地的地理条件、饮食习惯不同，使用的燃料及烹调方法不一样，常用的炉灶也有很大的差别。现主要介绍几种烧卤制作间的常用炉灶。

（一）港式双眼炒灶

港式双眼炒灶又称广式炒灶，规格一般为长220厘米、宽110厘米、高80厘米。其式样为两个主火眼、两个副火眼，或者两个主火眼、一个副火眼。主火眼高出灶面，呈侧倾状。燃料可使用液化气、煤气、柴油等。灶内装有鼓风机，火力大而猛，适宜炒、炸、烧等烹调方法。

（二）矮汤炉

矮汤炉又称汤灶，一般为两个炉头或一个炉头，燃料以煤气、天然气为主。因炉体矮，一般用于量大的冷菜制作，如卤、煮、炸等烹调处理，便于工作人员操作，省力省时。

（三）烤猪炉

烤猪炉又称叉烤炉，其炉膛内设有多根带小孔的管道，上面可放上石块。燃料以液化气或煤气为主。烤制食物时，打开阀门点燃燃料，先加热石块，再进行烤制，这样火力均匀，烤制的成品色泽鲜亮，适宜叉烤等烹饪方法。

（四）烤鸭炉

烤鸭炉又称挂炉，规格一般为高150厘米、圆直径81厘米。在其内部结构中上部四周有轨道式的铁架，铁架上置有活动铁钩，用于挂原材料；在炉体腰部有一个长方形小炉门，可观察原材料的成熟度及色泽；炉底有一圈燃气管道，用于加温；炉顶有一个活动盖板，用来调节炉温、取送原料和排烟。烤鸭炉利用热的辐射及热空气的对流将原材料烤熟。烤鸭炉除用于烤鸭外，还可烤鸡、烤肉等。

二、冷菜与冷盘制作的主要工具

冷菜与冷盘制作的工具种类很多，且随着科学技术的不断发展，新工具、新式样越来越多。现将各地广泛使用的几种工具介绍如下。

（一）炒锅

炒锅有生铁锅、熟铁锅、不粘锅三大类。生铁锅经不起碰撞，容易碎裂；熟铁锅比生铁锅传热快，不易破损；不粘锅烧煮冷菜不易粘锅、焦煳。熟铁锅和不粘锅有双耳式和单柄式两种。

（二）不锈钢桶

不锈钢桶常用于烧煮量大的冷菜、熬卤水等。桶身两旁有耳把，上有盖，大小规格较多。

（三）砧墩

砧墩是对原材料进行刀工操作时的衬垫用具。冷菜间最好选用由橄榄树或银杏树等材料制作而成的砧墩，因为这些树的木质紧密且耐用。质量佳的制墩材料要求树皮完整，树心不空、不烂、不结疤，颜色均匀且无斑。也有冷菜间选用由白塑料制成的圆形砧墩。无论是木制的还是塑料制成的砧墩，其

规格一般以直径40厘米、高15厘米为好。

（四）刀具

用于制作冷菜、冷盘的刀具种类很多，刀具一般是由铁或不锈钢制成的。常用的刀具有批刀、砍刀、前切后砍刀、烤鸭刀、剪刀等。应根据冷菜原料的不同性质，选用不同类型的刀具对原料进行刀工处理，这样才能达到理想的形状。

（五）乳猪叉

乳猪叉分三种规格：叉猪叉、席猪叉和奶猪叉。

（六）叉烧针

叉烧针用于烧制蜜汁叉烧、鸡翅、琵琶鸭、烧鹅、澳门烧肉等。

（七）鹅尾针

鹅尾针用于缝烧鹅、烧鸭、烧鸡等。

（八）烧腊钩

烧腊钩用于挂烧鹅、烧鸭、烧鸡、叉烧、烧肉等。

（九）短手钩

短手钩用于钩起烧炉内烧好的物件，避免人手直接接触时烫伤，常见的有木柄和不锈钢柄两种。

（十）木柄手钩

在利用挂炉制作烧鹅（或烧鸭等）时，可从窗口处伸入长手钩，钩住烧鹅（或烧鸭等）使其翻转。

（十一）乳猪针

烤乳猪时，可用乳猪针来刺穿气泡。

（十二）不锈钢水勺

水勺可作为量水工具，有1500克或2500克等规格。

（十三）油刷

扫猪皮糖水和烤制时，可用油刷来扫油。

（十四）双面磨刀石

双面磨刀石用于磨制厨房刀具。

（十五）剪刀

剪刀主要用于剪去烧好的叉烧上的焦丁等。

（十六）铁线

铁线用于扎猪手。

（十七）不锈钢盆

不锈钢盆用于拌或腌冷菜等。

（十八）炒勺

炒勺的规格有500克或600克，用于煮汁或盛汤。

（十九）汤料袋

汤料袋有大、中、小规格，用于装药材熬卤水，以方便捞起。

（二十）木条

木条的规格有多种，一般在烧烤卤猪时使用。

（二十一）不锈钢层架

不锈钢层架用于挂上好糖皮水的烧鹅、烧鸭、烧鸡以及烘干的卤猪等。

（二十二）煤气喷枪

煤气喷枪用于烧猪毛，或在烧猪、鹅、鸭时某部位没上色时起补救作用。

（二十三）台秤

台秤有大、小型号之分，用于称配原料。

（二十四）琵琶叉

琵琶叉有两种规格：烧琵琶鸭专用、烧琵琶乳鸽专用。

（二十五）火钳

火钳主要用于夹木炭。

（二十六）不锈钢爪篱

爪篱规格有8寸、10寸和12寸（分别约10.5厘米、13.1厘米和15.7厘米），用于捞卤好的卤水肉料。

（二十七）S形鸡钩

S形鸡钩有长短之分，长钩在做烧鹅、烧鸭时用，短钩在做白切鸡时等时用。

（二十八）开罐头器

开罐头器用于开启不锈钢罐头。

（二十九）榨汁机

榨汁机用于榨蔬菜原料与天然果汁。

（三十）搅拌机

搅拌机用于将原料加工成茸状。

三、设备与工具的维护与保养

（一）冷菜与冷盘主要设备的使用和保养

1.燃气灶的使用和保养

燃气灶常用的能源有天然气及煤气等，这种灶火力易于控制，操作方便，常用点火棒点火，并配有电动鼓风机，火力集中，外表均由不锈钢制成，造型优美，便于清洁，是现代厨房必备的加热设备之一。

（1）燃气灶的使用。①在点火前：首先检查有无漏气现象、各开关是否关好、各种管道有无破损等，如发现漏气，应及时处理，通风换气，严禁火种，避免发生燃烧或爆炸事故。②在点火中：在确定没有漏气后，再点燃点火器，然后打开开关，点燃燃气，并观察火焰颜色。正常的火焰颜色是无烟、浅蓝色，如发现火焰发红、有黑烟、不稳定，应及时疏通火眼。③在使用中：根据菜肴烹调方法和要求，一边旋转灶具的开关旋钮，

一边观察火焰的大小，直到满意为止。④烹调结束后：首先关闭总阀门，再逐个关闭各个开关，使管道中不留存燃气。该程序不能颠倒。关闭各气阀后，再清理灶面、灶具。

（2）燃气灶的维护和保养。①每天必须清洗炉灶表面油污，疏通灶面下水道。②每周用铁刷刷净，并疏通灶火眼上的杂物。③经常检查管道连接处和开关，防止燃气泄漏。

2. 矮汤炉的使用和保养

矮汤炉火势稳定，易于控制，适用于煮、卤、制汤等烹调方法。

（1）矮汤炉的使用。矮汤炉在使用时，要注意炊具盛装的汤水不宜太满，以防止汤水烧沸后溢出而浇灭火焰。矮汤炉下面用于收集油污的托盘要每天清洗。

（2）矮汤炉的维护和保养。①每天必须清洗表面的油污、汤汁，疏通下水道。②每周必须疏通火眼，清除火眼上的杂物。③经常检查管道、皮管接头处和开关是否有泄漏现象，如发现问题应及时修理。

3. 冷藏设备的使用和保养。

冷藏设备有冰箱、冰库、冰柜等，其功用有速冻、冷冻、冷藏三种，应根据烹调要求正确使用。①开启门不要太频繁或太久，最好是在规定时间开启。②冰库、冰箱存放食品要整齐，要分类存放。③要经常检查各部分有无异常，观测温度，一旦发现故障，及时通知专业人员修理，确保正常运转。

（二）冷菜与冷盘主要工具的使用和保养

1. 铁制工具的使用和保养

铁制工具具有价廉耐用等特点，在使用时应注意以下方面：

（1）铁制工具易生锈，用完后要及时擦干水、保持清洁。

（2）熟铁锅如油污太多或太厚，可把锅干烧至变红，除去油污，再用清水洗净。

（3）禁止用金属或其他硬物撞击锅体或用手勺、漏勺敲击，以防止变形损坏。

（4）铁制烹调用具不可长期盛菜肴或浸泡在汤水中。

2. 不锈钢工具的使用和保养

不锈钢工具具有美观、清洁、无毒、光亮的特点。冷菜间使用的不锈钢工具很多，如炒锅、手勺、漏勺、不锈钢桶等，在使用时应注意以下方面：

（1）选购不锈钢工具时，要有鉴别能力。不锈钢按钢材分有很多种，选购时最好用磁铁鉴别。

（2）使用不锈钢工具时，要及时清洗表面的油污、油渍，否则会使表面变暗，失去光泽。

（3）不锈钢工具切勿长时间装盛汤水，或浸泡在水中，用完后要及时清洗擦干水，保持光洁。

（4）不锈钢工具要防止干烧，否则会出现难看的蓝环。

（5）不锈钢工具不可用硬物敲打，否则易变形损坏。

3. 不粘锅的使用和保养

不粘锅有较多品种，有不粘炒锅、不粘汤锅、不粘煎锅、不粘压力锅等，这些锅的内壁涂了一层不粘涂层，所以不易黏附食品，但在使用时必须注意以下方面：

（1）在烹制食品时不可使用金属的炒勺或饭勺，应使用专用的塑料制或木制的炒勺或饭勺。

（2）勿使用醋及碱液。

（3）清洁时不能使用去污粉和刷子，应使用软布或海绵轻轻擦洗。

（4）不要烹制一些带硬壳的食品，以免碰撞、变形而影响锅内的不粘涂层。

（5）切勿将锅直接放在明火上干烧。

4. 刀的保养

（1）刀的一般保养方法

刀用后必须用干净毛巾擦拭干净。特别是切过带咸味或有黏性的原料后，黏附在刀两侧的鞣酸容易氧化使刀面发黑，所以用后一定要用水洗净揩干。刀使用后放在刀架上，刀刃不可碰在硬的东西上，避免碰伤刀口。雨季应防止生锈，每天用完后最好在刀口涂上一层油。

（2）磨刀的方法与工具

①磨刀前的准备工作。把刀放在碱水中浸一浸，擦去油污，再用清水洗净，冬天可用热水烫一烫。磨刀石要放在磨刀架上，如果没有磨刀架，就在磨刀石下垫一块抹布，以防止滑动。磨刀石要两头略低、中间略高，若有变形，必须放在石地上磨成平一字式样。磨刀石要经常用水浸透。磨刀前，准备一盆清水备用。

②磨刀。两脚分开，或一前一后站定，上身稍向前倾，右手按在刀面上，刀背朝身体，刀刃向外，左手要按得重一些，以防刀脱手造成事故。开始磨的时候，刀面上、砖面上都要淋水，刀刃要紧贴砖面，当磨得发黏时，需要淋水。推磨时将刀刃推过磨刀石约一半。磨刀时要经常翻转，刀的正反面及前、中、后部都必须轮流均匀地磨到，正反两面磨的次数应保持相等，而且刀的前、中、后各部必须磨得均匀，磨后刀刃才能平直。有缺口的刀，应先在粗磨石上磨，把缺口磨平后，再拿到细磨石上磨。

片刀：只能在细磨石上磨，磨时刀背略翘起1厘米左右。

斩刀：要在粗磨石上磨，磨出锋口后，再在细磨石上磨，磨时刀背略翘起2厘米左右。

③磨刀后的鉴别。将刀刃对直，放在眼前看，如看不到刃口上有白色的亮光即可，然后再用清水洗净，用干布擦干。用手指在刀刃上轻轻拉一拉，若刀已磨好会有指纹好像被拉去的感觉；若觉得刀刃是在手指上滑过去的，那就是未磨好。

磨刀石。磨刀石有粗磨石、细磨石和油石等几种。前者主要成分是黄沙，质地较粗；后两者主要成分是泥沙，质地较好，容易将刀磨利，同时不伤刀口。用粗磨刀石来磨，对刀口总有一些损伤，容易缩短刀的使用寿命，但对于有缺口的刀，就必须先在粗磨刀石上磨出锋口后，再在细磨石上磨利。所以这两种磨刀石各有用处，是必不可少的工具。

5.砧板的保养

（1）砧板的选用

砧板是对原料进行刀工操作的衬垫工具。最好的砧板是橄榄树或银杏树做的，其木材质地紧密、耐用。

选用砧板时，应注意砧板树皮的完整性，树心要不烂、不结疤，同时还应注意砧板的颜色。砧板面微呈青色，且颜色一致，说明是用正在生长的活树砍下后制成的，质量好；如砧板面呈灰暗色或有斑点，说明是树死后隔了较长时间制成的，质量差。

（2）砧板的作用

①使食物清洁。用砧板垫在案板上切配原料，能使食品保持清洁卫生。使用时，应将切生料的砧板与切熟料的分开，以防止细菌交叉感染。在切熟料时，要注意食材品种、色泽的不同，以及是否有卤汁等，做到分开切，不可混在一起。一种原料切好后，须用刀铲除砧板上的卤汁、油水或污秽物，用干净手布揩擦干净后再切其他原料。

②使原料整齐均匀。用砧板能使食物切得整齐均匀，如不用砧板，直接在案板上切，案板很快就会凹凸不平，那么切出来的原料也就不能整齐均匀了。砧板凹凸不平时，应随时修整刨平。

③对刀和案板起保护作用。砧板的木质是直丝缕，刀刃不易钝，案板的木质是横丝缕，易伤刀刃，因此用砧板可以保护案板，使案板不受损。

（3）砧板的保养

冷菜间常用的砧板有木质和白塑料两种，使用时应注意：

①新的木质砧板买进后可浸在盐卤中或不时用水和盐涂在表面上，以使砧板的木质收缩，更为结实耐用。新购进塑料砧板，应用84消毒液刷洗消毒方可使用。

②使用砧板时不可专用一面，应该四面旋转使用，以免专用一面而发生凹凸不平现象，如凹凸不平时，应用铁刨刨平，保持砧板表面平滑。

③每次使用完毕后应将砧板刮洗干净，晾干，用洁布或砧板罩罩好。每天做好消毒工作，最好上笼蒸半小时左右。

④砧板忌在太阳下曝晒，以防开裂。

第二节　冷菜与冷盘原料的识别与选用

原料的识别与选用

在切配和烹调中，烹饪工作人员首先必须善于选择和鉴别原料。因为菜肴的好坏，一方面取决于烹饪技术高低，另一方面则取决于原料本身质量的好坏，以及选用是否适当。若选用质量较差的原料，且选用部位又不适当，即使烹饪技术再高，也很难做出好的菜肴。

烹饪原料的选择和鉴别，一般应注意以下几点。

一、了解原料的特性

各种原料有其生长规律，也有盛产时期和低产时期、肥壮时期和瘦弱时期。例如，植物性原料一般在春、夏时鲜嫩者较多；家畜类原料以秋末、初冬时节为最佳。又如菜心，虽然四季都有上市，但质量最好的是在秋季，这个季节的菜心，鲜嫩青翠。由此可见，在不同季节，原料的品质和肥嫩程度也不同，我们在选择原料时应有所了解。以广东菜"菜胆趴鸭"为例，夏天制作时宜选用芥菜胆，冬天制作时宜选用绍菜胆或生菜胆。

二、原料产地与质量关系密切

随着交通运输的日趋方便，烹饪原料已不局限于本地，而是来自不同地区。各地自然环境、种植、饲养以及捕捞情况不同，我们可以根据原料的不同产地，来采购优质的原料；同时也可以根据不同品种的原料，采取相应的烹调方法。

三、熟悉原料不同部位的特征

各种原料有其不同的部位，每个部位的质地又有所不同。例如，猪、牛、羊、鹅、鸡、鸭等，体内各部位的肌肉有瘦、肥、老、嫩之分，因而有的适用于爆炒，有的适用于烧煮，有的适用于蒸炖，有的适用于熬汤。以猪为例，猪肘部位的肉，宜卤、酱；贴骨的猪排，宜做红烧、炸或糖醋的菜肴；猪前腿宜做叉烧等。因此，必须掌握原料的不同特点，做到物尽其用，这样才能使菜肴精美可口，达到烹饪要求。

四、鉴别原料的质量

原料的质量不仅关系到菜肴的色、香、味、形，更重要的是关系到顾客的健康，这是烹饪工作人员应予特别注意的。原料主要应符合以下几个要求：

（1）不能选用有病或带有病菌的家畜、家禽、水产品等，海产品要保持新鲜，以防止将病原体传染给顾客。

（2）含有生物毒素的鱼、蟹、虾、野菜、果仁、菌类等，以及含有有机、无机毒素的香料、色素等，均不能选作烹饪原料，以防止发生食物中毒事件。

（3）各种原料均不能有腐败、发霉、变味以及虫蚀、鼠咬等现象。

关于鉴别原料质量的方法，一般有感官鉴定、理化检验以及微生物检验等。一般常用感官鉴定方法，即用人的各种感官，如鼻、口、眼、耳、手等，来鉴定原料的质量。感官鉴定方法通常是鉴定原料的外部特征，如形状、色彩、气味、质地等。经验丰富的烹饪工作人员只要看一看原料的表面颜色或用手触摸一下原料的外部，就可以鉴别出它是否新鲜或有无变质。

第三节　冷菜的常用制作手法讲解与实训引导

冷菜的常用
制作手法

冷菜菜品风味独具特色，冷菜的制作方法也别具一格。冷菜工艺经过长时间的不断发展和演化，形成了一些特有的成菜方法，大致包括卤、酱、拌、炝、腌、卷、煮、蒸、炸、燂、烤、酥、糟、熏、冻、腊、脱水、糖粘等十几种成菜方法。

一、卤制法

卤制法是将食品原料经过初加工或初步热处理后，再放入特制的卤水中慢火烹制成熟的一种成菜方法。

它可以增加原料的色泽和香味，所用原料很广泛，最常见的是家禽、家畜及其内脏。烹制时，将原料投入卤锅中用大火煮开，再改用小心烧煮，至原料成熟或酥烂，调味料渗入原料中为止。卤制完毕的菜肴，冷却后用盛器装好、密封，以防止卤菜表面见风干缩变色。原料质地较老的卤菜，也可在卤制完毕后仍浸在汤卤中，随用随取，既可增加嫩度，也可更为入味。

卤水是一种放置很多香料和调料并熬制成的汤水，往往用来制作成品或煮半成品。卤水香味浓郁、口味浓重，由于汤中放了多种中药材，卤汤具有较高的食疗作用。由于气候和地域的差异，不同地方调制的卤水各不相同。

按卤水调制的地方风味分类，卤水可分为南方卤水和北方卤水。北方卤水多用于制作半成品，而南方卤水多用于制作成品。两者相比，南方卤制的菜品在风味上更为著名。

按卤水调制的汤色分类，卤水可分为白卤水和红卤水两种。白卤水一般用于加工一些本身色彩好的原料，成菜后菜品的颜色基本呈现原料的本色，白卤水制作菜品时不会影响原料的色泽。红卤水一般用于加工一些本身颜色不好的原料，在制作过程中需给其添加色彩，使成菜后菜品呈现出色彩艳丽的效果。

常用的调料为：

红卤水：红酱油、红曲米、黄酒、冰糖、白糖、盐、葱结、姜片、味精、大茴香、小茴香、桂皮、甘草、草果、花椒、丁香、沙姜等。通常将这些香料装入纱布袋里，与其他调味料一起，加清水熬制。

白卤水：其调料配方同红卤水的一样，只是调味品中没有有色调料。白卤水还有一种较常用的盐水卤，即以葱、姜、花椒、茴香、盐、味精等加水熬成。

虽然各种卤的调料配比、口味各地不一，但有几点相同：第一次卤原料时应先将卤汤熬制一定时间，随后才能下料；卤汁保存的时间越久，卤制出来的菜肴就越香、越鲜。

卤制法的成菜特点：利用此法制作菜品可以短时间内加工出大批菜品，也可以一锅中同时制作出多种菜品。它具有制菜速度快和操作方便等特点。菜品口感肥嫩不腻、口味鲜香浓重、味透肌里、味有余香。

卤制法的操作注意事项：

原料入卤锅前应先焯水除去血腥异味。尤其是动物原料，多少都带有血腥味，因此在卤制前，应先通过走油或炸水处理。前者可使原料在卤制时更易上色入味，后者可去除原料的血沫和异味。

卤煮时一定要掌握成熟度，加热要恰到好处。卤锅卤制菜肴都是大批量进行的，一桶卤水中往往同时要卤制好几种原料或好几个同种原料。同种原料之间存在着个体差异，不同原料之间的差异更大，这就给操作带来一定的难度。因此，要注意以下几个方面：

（1）要分清原料的老嫩，老的放在桶（锅）底，嫩的放在面上。

（2）要注意随好随捞，不能烧过头或者不够酥烂。

（3）如果原料过多，为防止紧贴桶（锅）底的原料烧焦，可以在桶（锅）底垫锅衬。

（4）正确掌握火候，要求熟嫩的原料用中火，要求酥烂的原料用小火。

（5）保存好老卤。制成的卤汁，卤制原料越多、时间越长，则质量越高。这是因为卤汁中的呈鲜物质会越积越多，有醇料正郁的复合美味。

老卤的保存：

（1）要定期清理残渣碎骨，防止这些东西沉在桶（锅）底变质。

（2）要定期添加调料和更换香料。

（3）取放原料要用专门工具，不能用手直接接触卤汁，以防带入细菌。

（4）每次卤完菜肴之后，要将卤汁烧沸，撇去浮油，并置阴冷处，特别要注意不可放在灶台上或炉子旁，防止细菌在一定温度下加速繁殖。

（5）盛放卤汁的盛器，最好用陶瓷或木质的。

菜品制作：

杭州卤鸭

1.烹调方法：卤制法。

2.主料：老鸭一只（约重1500克）。

3.调料：茴香3克、白糖50克、生姜50克、黄酒25克、葱50克、精盐8克、酱油75克、桂皮5克。

卤鸭

4.制作过程：

（1）将鸭宰杀洗净后焯水待用。

（2）将焯过水的鸭放入锅内，加水、精盐、黄酒、酱油、白糖、桂皮、茴香、葱、生姜在旺火上烧沸，将鸭身翻转用小火焖烧约1小时后在旺火上收汁即可。

（3）改刀装盘，并且在鸭身上浇淋原汁。

5.成品特点：色泽红亮，不肥不瘦，肉嫩味鲜，香气诱人。

6.注意事项：

（1）鸭子焯水必须焯透，除尽血污。

（2）要注意火候的掌握，先用大火烧开，再用小火烧入味，最后用大火收汁。

（3）选用的鸭子要用老鸭。

（4）烧制时香料投放要适量，过多则鸭子的本味就没有了，过少则鸭腥味太重。

卤水牛肉

1.烹调方法：卤制法。

2.原料：牛腱子肉500克、红椒1个、大葱1根、小葱6根、生姜10克、香叶1克、香菜20克。

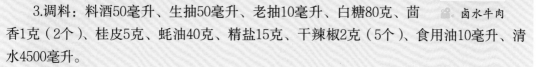
🎥 卤水牛肉

3.调料：料酒50毫升、生抽50毫升、老抽10毫升、白糖80克、茴香1克（2个）、桂皮5克、蚝油40克、精盐15克、干辣椒2克（5个）、食用油10毫升、清水4500毫升。

4.加工过程：

（1）初步加工：将牛腱子肉清洗干净，小葱洗净打成葱结，香菜洗净去根。

（2）刀工处理：大葱洗净切段，生姜洗净用刀背拍一下，红椒洗净切成段。

5.制作过程：

（1）在锅内倒入3000毫升清水并加热，将牛腱子肉放入锅中焯水，焯透后，捞出牛腱子肉，装入盘中备用。

（2）将锅洗净加热，倒入10毫升食用油加热，加葱结、大葱段、姜块、红椒段煸炒出香味，加茴香、花椒、香叶、干辣椒煸炒，再加料酒、生抽、老抽，加白糖、蚝油、水、精盐、香菜，继续加热，放入焯完水的牛腱子肉，将水烧沸，改小火慢炖，将牛腱子肉翻面，继续炖，改大火收汁。

（3）关火，将卤好的牛肉捞出放凉，切片装盘，用香菜点缀，可盛出卤汁作为蘸酱。

7.菜肴特点：卤味香浓，口感咸香。

8.成品要求：形态饱满，外形整齐，口味香浓，有嚼劲。

9.注意事项：

（1）一定要选用牛腱子肉，这样不容易烧烂。

（2）卤的时候火要小，要经常翻动牛肉，防止粘锅，最后收汁的时候火要旺。

（3）卤好的牛肉一定要冷透才好改刀。

思考题：

1.老卤如何保存？

2.杭州卤鸭的最佳供应季节是哪个季节？

二、酱制法

酱制法是将原料经过初加工处理，再经过盐、硝石等调料腌渍后放入特制的酱汤中烹制成熟的一种成菜方法。

酱制法和卤制法大致相同，不同的是，调制酱汤时要加入酱制品调料，如黄酱、甜面酱、番茄酱等。酱制菜品时，酱汤要熬得很浓后才将菜品捞出。制作酱制菜用的时间较长。酱汤和卤水比较，酱汤全是带颜色的汤水，汤水质地比较浓稠。一锅酱汤可长时间反复使用。经过反复使用的酱汤，味道特别鲜美浓厚，在餐饮行业中被称为"老汤"。

酱制法的成菜特点：其特点与卤制菜品的特点大致相同。不同的是，酱制法做出的菜品颜色多为红色，味浓重。

菜品制作：

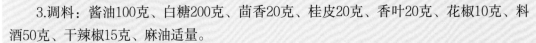

酱萝卜

1.烹调方法：酱制法。

2.主料：白萝卜1000克。

📷 酱萝卜

3.调料：酱油100克、白糖200克、茴香20克、桂皮20克、香叶20克、花椒10克、料酒50克、干辣椒15克、麻油适量。

4.制作过程：

（1）将白萝卜清洗干净，取萝卜厚皮，用刀斜切厚片待用。

（2）用盐腌制萝卜，腌制2小时，待萝卜软化脱去水分再用冷水冲洗，去盐味。

（3）用毛巾吸干萝卜水分待用。

（4）取一个大碗盆，放入酱油、白糖、茴香、桂皮、香叶、花椒、料酒、干辣椒调好汁水，放入萝卜拌匀，浸泡腌制24小时即可食用。

（5）食用时取出萝卜用麻油拌制即可装盘上桌。

5.成品特点：口感爽脆，造型美观。

6.注意事项：

（1）萝卜一定要带皮改刀。

（2）用盐腌制的时候一定要腌透，然后再冲洗脱去水分。

（3）汁水口味要调准，不能太咸。

五香酱牛肉

1.烹调方法：酱制法。

2.主料：牛肉1000克。

3.调料：黄豆酱50克、茴香5克、桂皮3克、香叶3克、花椒2克、料酒50克、糖30克、酱油50克、干辣椒2克。

4.制作过程：

（1）牛肉切成大块，入清水中浸泡2个小时，把血水泡干净再冲洗一下。

（2）准备好压碎的香料和黄豆酱。

（3）用卤料包包裹住香料，放入砂锅内，再放牛肉和清水，清水淹没牛肉。

（4）加入黄豆酱，搅拌均匀。

（5）加一些花椒，再加入适量的料酒、糖、酱油、葱、姜。

（6）把所有调料加完后，搅匀，加盖，水开后煮大概1.5小时。

（7）做蘸料，锅里加少量的油，并加一些花椒和干辣椒，小火炸香，然后把花椒和辣椒扔掉，把油倒进准备好的姜、蒜末里。

（8）蘸料的口感可以根据个人的喜好，可放适量生抽、辣椒油、鸡精和胡椒粉，再加上麻油淋好的姜、蒜末。

5.注意事项：

（1）具体煮牛肉的时间看个人偏好的口感，喜欢有嚼劲的少煮一会儿，喜欢软的就多煮一会儿，煮好的牛肉不用马上拿出来，可以在汤汁里泡几个小时再取出来切片食用。

（2）牛肉的味道不要做得太重。

杭州酱鸭

1.烹调方法：酱制法。

2.主料：老鸭2只。

3.配料：生姜100克、葱50克。

4.调料：精盐10克、酱油200克、白糖100克、茴香5克、桂皮8克、香叶5克、花椒5克、料酒200克、干辣椒5克。

5.制作过程：

（1）将鸭宰杀，洗净后斩去鸭掌，用小铁钩钩住鸭鼻孔，然后挂在通风处晾干。

（2）将精盐、酱油、白糖、茴香、桂皮、香叶、花椒、料酒、干辣椒调成酱汁，烧沸后冷却。用制得的卤水把鸭身外均匀地擦遍，放在缸内，上面用竹箅子盖住，大石块压实。在0℃左右的气温下腌渍36小时后，将鸭翻身，再腌36小时即可出缸，倒尽肚内的卤水。

（3）复将腌鸭放进缸内，加入酱油浸没，放上竹箅子，用大石块压实。在0℃左右的气温下浸泡24小时后，将鸭翻身，再浸24小时出缸。

（4）然后再将鸭子用酱油卤水淋至暗红色时捞出沥干，在日光下晒两三天。将酱鸭放在大盘内，把绍酒淋在鸭身上，放上白糖、葱段、姜块，上蒸笼用旺火蒸至鸭翅上有细裂缝时即熟，倒出腹内卤水，冷却后切块装盘即成。

6.注意事项：

（1）鸭子应先腌后酱，具有独特风味，如果气温超过7℃，腌渍时间缩短为12小时即可。

（2）如大量腌酱鸭子，为了便于入味，应在腌渍期间将鸭子上下互换位置。

（3）注意食品安全，不能放防腐剂。

（4）制作酱鸭对温度要求十分高，一般在冬季气温5℃以下制作，气温一高则鸭子容易变质。

（5）制作酱鸭的鸭子必须选用当年饲养的成熟鸭子，而且以绍兴麻鸭为上品，经过多道工序，成品肉色枣红，芳香油润，富有回味。

思考题：

1.酱制菜品有什么风味特点？最多能放多久？

2.酱制菜肴最好是在什么季节制作？有什么讲究？

三、拌制法

将生的原料或制熟的原料冷透后经过刀工处理再配以调味品搅匀，此法称为拌制法。拌制法在冷菜成菜过程中广为应用，是制作冷菜的一种特有的方法。

拌制法按选取原料的不同可分为：生拌制法、熟拌制法、生熟拌制法、温拌制法和清拌制法。

生拌制法：将生的原料经过刀工处理后配以调味品搅匀，如蒜泥拌黄瓜、老虎菜等。

熟拌制法：将熟的原料经过刀工处理后配以调味品搅匀，如辣拌牛肉丁、火腿沙拉、辣油腰片等。

生熟拌制法：将生的辅料和熟的主料经刀工处理后搭配在一起，再配以调味品搅匀，如香菜拌牛肉、什锦粉丝等。

温拌制法：将炒好的热菜（辅料）与拌好的冷菜（主料）搭配在一起，并在锅中加以调味品搅拌均匀；或者将炒好的热菜浇在拌好的冷菜上，再配以调味品搅拌均匀。这种拌菜因食之温热而被称为温拌。两种制法成菜后的特点大同小异，是一些地方于寒冬时制作并食用的温热冷菜菜品，如炒肉拉皮、炒肉丝冷粉、炒牛肉河粉、炒鱿鱼粉条等。这些菜品食之温热，不冷不烫。

清拌制法：选用一些高档原料，经过精细加工处理后配一些特制清油或素油搅匀。此法多用于制作高档菜肴，对原料的新鲜度和质量有严格要求，如清拌虾腰、清拌燕菜等。

拌制法的成菜特点：取材广泛，操作便捷，拌好的菜品营养丰富、口味多样。

拌菜的质量要求：脆嫩清爽，清香鲜醇。

菜品制作：

凉拌莴笋丝

1.烹调方法：拌制法。

2.主料：莴笋400克。

3.调辅料：红椒50克、黄椒50克、香油5克、盐5克、味精5克、麻油适量。

4.制作过程：

（1）将莴笋去皮洗净，切成莴笋丝，红椒切丝、黄椒切丝放热水烫熟，结冰水。

（2）沥干水分，放盐、味精、麻油拌匀即可。

拌三丝

5.成品特点：莴笋翠绿，口感爽脆。

6.注意事项：

（1）莴笋丝最好不要切得太细，粗细要均匀。

（2）制作拌菜要注意上菜的时间，过早制作拌菜会影响成品质量。

爽口黄瓜

1.烹调方法：拌制法。

2.主料：大黄瓜2根。

3.辅料：干辣椒油20克、豆酥30克。

爽口黄瓜

4.调味汁：白糖500克、白醋1000克、老抽80克、生抽165克、味精40克、盐150克、香油10克、蒜末少许。

5.制作过程：

（1）黄瓜清洗干净，剥花皮时要留点绿，再切成约5厘米长的段，平刀批取肉。

（2）按上面的配方配好调味汁，熬好辣椒油待用。

（3）在食用前半个小时，将切好的黄瓜泡冰水。

（4）黄瓜泡涨后沥干水分，装盘，浇入调味汁，淋上辣椒油即可。

6.特点：清脆可口，辣香味浓。

7.注意事项：

（1）大黄瓜一定要剥花刀，留点绿皮，削皮刀不能太大，否则肉会剥去太多。

（2）黄瓜处理好后如果没有要食用不得急于泡水，可用盒子密封放冰箱内，要食用前半小时泡水即可。

思考题：

1.哪些原料可以制作拌菜？

2.生拌法和热拌法具体有哪些区别？

四、炝制法

将原料经过细加工处理，或经过初步热处理再配以复合调味汁搅拌，通过复合调味汁浇时对原料的渗透作用，使调味品迅速渗透到原料内层或挂于原料表面，此成菜方法称为炝制法。

炝制法一般分为焯炝、滑炝两种。

焯炝：将主料用沸水炸一下，然后沥干水分，在冷水中投冷后沥干，加入调味品，淋上花椒油。焯炝的菜品以脆性原料为主，如炝扁豆、炝腰花等。

滑炝：原料必须经过上浆处理再放入油锅内滑熟，滑透后取出控油，再用热水冲洗掉油，最后加调料拌，如炝鸡片、炝冬笋等。

炝制法的成菜特点：成菜速度快、操作简便，菜品口味清香不腻、爽滑润口、味透肌里、品有余香、营养丰富。

炝菜的质量要求：脆嫩清爽，清香鲜醇。

菜品制作：

炝腰花

炝腰花

1.烹调方法：炝制法。

2.主料：猪腰2只。

3.调辅料：黄瓜1根、蚝油20克、姜10克、大蒜5克、白糖50克、生抽5克、米醋20克、麻油适量、花椒粒少许。

4.制作过程：

（1）猪腰对剖成两半，批去腰臊，在腰子剖面上剞直刀，再斜片成大片，在冷水中浸泡半小时，漂尽血水后捞出。

（2）将生姜、蒜切成末放入一小碗中，再加入蚝油、白糖、生抽、米醋、麻油调匀待用。

（3）锅中加水烧沸，投入花椒粒和改刀后的腰片，烫约10秒钟，见腰片变色散成花状时，立即捞出来放入冰水中冰镇，随后沥水。

（4）另取盛器一只，黄瓜切丝垫底，装入制熟后的腰花，加入先前调好的汁拌匀浇盘即成。

5.成品特点：口感脆嫩，咸鲜可口，形状美观。

6.注意事项：

（1）刀工要均匀，否则成熟度不一致。

（2）腰臊要取净，不然异味太重。

（3）腰片焯水时要掌握好时间，时间不能够太长或过短，一般是当腰片变色即可捞出。

生炝太湖白虾

1.烹调方法：生炝法。

2.主料：白虾250克。

3.调辅料：蒜油30克、味精2克、盐1克、盐焗粉2克、大蒜20克、红椒20克、青椒20克。

4.初步加工及刀工处理：

（1）大蒜切末，红椒、青椒切丝。

（2）白虾清水养净，倒去水。

5.制作过程：

（1）将白虾倒入干净的铁盘内，放入盐、蒜泥、盐焗粉、少许味精拌入味。

（2）将白虾有序摆入盘内，顶部放入蒜泥、红椒丝、青椒丝，倒入蒜油即可。

6.注意事项：

（1）调味料不可放得过多，味道不能过重。

（2）白虾要小，要充分搅拌使其晕死才可以装盘。

（3）蒜油可略微多点。

思考题：

1.制作炝腰花时怎么制作出脆嫩的口感？

2.哪些原料适宜采用炝制法来制作？

五、腌制法

将原料用盐等调味品擦抹或将原料放到调好味的汁水中浸渍，此法称为腌制法，又称泡制法或浸制法。

腌制菜品时，必须用新鲜的原料，在成菜过程中由于许多菜品会发酵出酸味，所以要严格注意腌制时的卫生条件。

根据所用调料品的不同，腌制法具体可分为盐腌法、糖腌法、糟腌法、酒腌法等。

腌制法的成菜特点：选料特殊，制作菜品的过程要求绝对卫生，可大批制作菜品，此法在烹调活动中多作为辅助制法。腌菜的口味清脆爽口、清香不腻、味透肌里、味道自然。

腌菜的制作要领：腌制时间的长短应根据季节、气候以及原料的质地、大小而定。糖腌原料一般选用脆嫩可生食的应时水果和蔬菜，糖腌汁的酸甜度要把握准，做到浓度适当。

菜品制作：

跳水泡菜

1.烹调方法：腌制法。

2.主料：扁包心菜1500克、洋葱150克、胡萝卜150克、香菜100克。

跳水泡菜　　美味辣泡菜

3.辅料：生姜50克、大蒜30克、小米辣50克、朝天椒30克、花椒30克。

4.调料：盐100克、味精20克、白酒100克。

5.制作过程：

（1）将胡萝卜、洋葱、生姜、大蒜、朝天椒改刀成小片，香菜去叶子切成小段。

（2）将泡菜坛清洗干净，放入切好的小料，再放入水、小米辣、花椒、盐、味精调好味。

（3）包心菜撕开清洗干净，放入坛内，压紧，烹入白酒，盖上盖子泡48小时。

（4）包心菜泡好泡熟后即可捞出装盘。

6.成品特点：色白、爽口、微辣。

7.注意事项：

（1）一定要选用扁包心菜，色要白，口感会脆。

（2）汁水口味要调得重，腌制时间要48小时，时间到了要及时捞出。

（3）为丰富泡菜的品种，可加入猪耳朵和鸡爪。

蜜汁小番茄

1.烹调方法：蜜汁腌法。

2.主料：有机红小番茄300克、有机黄小番茄100克、有机绿小番茄50克、青柠檬3克。

蜜汁小番茄

3.调辅料：白糖200克、蜂蜜150克、桂花1克。

4.制作过程：

（1）将红、黄、绿小番茄用沸水烫一下，剥去外皮装入盘内。

（2）柠檬对半切开，将切好的柠檬放入盘内，加入白糖、蜂蜜、桂花拌匀腌制。

（3）腌制12小时入味，即可装盘食用。

5.成品特点：色泽鲜艳，口味酸甜。

6.注意事项：

（1）小番茄不能烫得过熟。

（2）腌制时不要放水。

老醋凤爪

1.烹调方法：醋泡法。

2.主料：老母鸡爪5斤。

老醋凤爪

3.醋泡汁的制作：

口味一（熟泡）：纯净水2000克，花雕酒400克，美味鲜400克，湖羊酱油2包，蚝油150克，白糖60克，味精、盐、鸡精少许，烧好冷透后放两瓶陈醋。

口味二（生泡，国宾馆配方）：大红浙醋半瓶，陈醋半瓶，东古酱油1/4瓶，美味鲜1/8瓶，米醋1瓶，白糖200克，蜂蜜1/4瓶，辣鲜露1/4瓶，生抽1/8瓶，美极鲜1/4瓶，白酒100克，小米辣半瓶，洋葱半个，大蒜、本芹、香菜秆、花椒、小泰椒、柠檬适量。

4.制作过程：

（1）鸡爪放水里煮透，或者放蒸箱里蒸透。

（2）鸡爪用冷水冲凉，剪去爪子，再用水冲去油滞及血水。

（3）鸡爪冲洗干净后沥干水分，放入调好的醋泡汁中浸泡24小时。

5.成品特点：口感酸爽，有嚼劲。

6.注意事项：

（1）选料要选用老母鸡爪，有嚼劲。

（2）鸡爪煮透后一定要用冷水冲透。

思考题：

1.腌制法的工艺原理是什么？

2.宁波咸炝蟹是不是采用腌制法制作？请详述其制作过程。

六、卷制法

卷制法是制作冷菜的一种操作手法，就是将蛋皮、油皮或一些薄片类的原料，抹上一层细肉泥或放置一些经过细加工处理后的辅料，再卷拢成卷形后烹制成熟或腌渍入味的一种成菜方法。

卷制法的成菜特点：装盘上便于造型，切配后可拼码出许多逼真图形，菜品风味多样、做工精细。

菜品制作：

三丝素烧鹅

🎬 三丝素鹅卷

1.烹调方法：卷制法。

2.主料：豆腐皮5张。

3.辅料：莴笋300克、胡萝卜200克、茭白200克、小葱50克、生姜20克。

4.调料：酱油20克、糖20克、盐2克、味精1克、麻油2克。

5.刀工处理：

（1）小葱切段，生姜切丝。

（2）莴笋、胡萝卜、茭白去皮，切丝，待用。

6.制作过程：

（1）锅内加少许油，投入葱段、姜丝煸香后捞去，再放入莴笋丝、胡萝卜丝、茭白丝略炒，放糖、酱油、盐、味精炒熟后冷却待用。

（2）将一张豆腐皮摊开，放上炒好的三丝，包卷成长约20厘米、宽约4厘米的长厚条，用水淀粉糊封口粘牢，投入热锅，煎制豆腐皮表面金黄色时捞起，即可改刀食用。

7.成品特点：色泽金黄，诱人食欲。

8.注意事项：

（1）素烧鸭也可不用馅心，直接将豆腐皮用水抹湿后，数层相叠成长厚条（长约8厘米、宽约4厘米），炸后上笼蒸或卤透。

（2）豆腐皮除了可以用水淀粉糊粘外，还可以用水打湿豆腐皮，煎的时候接口朝下即可。

佛门素烧鹅

🎬 素烧鹅

1.烹调方法：卷制法。

2.主料：豆腐皮10张。

3.调料：酱油300克、白糖150克、麻油30克、料酒10克。

4.制作过程：

（1）取双耳锅一个，倒入2000毫升水，再放入酱油300克、白糖150克、料酒10克，烧沸待用。

（2）取豆腐皮5片，撕去边皮，豆腐皮第一张倒放，第二张正放，叠在第一张豆腐皮上面，第三张倒放，叠在第二张豆腐皮上面，第四张正放，叠在第三张豆腐皮上面，第五张用双手拎住两头，放入汤卤中泡一下捞出，放入豆腐皮中间。再将其卷起来，宽度约是5厘米。

（3）铁板上摸上少许色拉油，将卷好的豆腐皮接口朝下，放入蒸笼蒸1分钟，豆腐皮粘连即可取出冷却。

（4）将冷透的素烧鹅放入油锅中炸制金黄色，捞出沥油。

（5）将前面烧好的汤卤倒入锅内烧开，调好味道，淋入少量的麻油后倒入盛器内，放入素烧鹅浸泡冷却，最好浸泡过夜，浸入味后才可食用。

5.注意事项：

（1）豆腐皮在叠的时候要放得相对开一点，不能叠放得太紧凑。

（2）蒸素烧鹅的时候不能蒸过头，豆腐皮粘连即可，蒸过头的素烧鹅在炸的时候容易走形。

（3）素烧鹅最好在汁水里浸泡过夜，浸泡入味才好吃。

思考题：

卷制法的制作关键是什么？

七、煮制法

煮制法是制作冷菜的一种操作手法，就是将原料经过初加工处理后，再放入热水中煮制成熟的一种成菜方法。

煮制法作为辅助制法，在冷菜制作的过程中应用广泛，许多菜品需要煮制成熟或焯制成熟，然后才能制作成冷菜菜品。煮制时间的长短、火候的大小、水温的高低都会给冷菜菜品的质量带来影响。因此，煮制法在冷菜制作过程中非常重要。 示例（煮制法）

煮制法通常包括白煮和盐水煮两种类型。

白煮：是指将经过加工的原料放入水锅或汤锅中煮熟的一种方法。其注意事项包括：①原料要新鲜；②煮时，应将原料全部浸泡在汤水中，确保原料成熟度一致，色泽洁白；③煮制原料时要沸水下锅，再改用小火加热；④应根据各种原料的质地灵活掌握煮制时间。

盐水煮：是指将腌渍的或未腌渍的原料放入锅中并加入盐、姜、葱、花椒等调味品，再加热成熟的一种烹调方法。其注意事项包括：①对于味鲜质嫩的原料，应迟放盐，待原料即将成熟时再放盐；②要掌握好水与原料的投放比例，以水没过原料为宜；③对于质老体大的原料，应事先放入水中泡洗，去掉苦味或焯水后再煮制。

煮制法的成菜特点：菜品口感肥嫩、原汁原味，不影响原料的自然品质，其操作过程对火候要求严格。

菜品制作：

白切鸡

白切鸡

1.烹调方法：白煮。

2.主料：本鸡一只（约1000克）。

3.调料：盐、葱、姜各15克。

4.制作过程：

（1）将鸡内脏去净，清洗。

（2）锅内加水、葱、姜，加盖后用大火烧开，将洗净后的鸡放入，大火烧开，中火烧7分钟后再闭火焖5分钟，然后立即用冰水激冷后切。

5.成品特点：皮白肉嫩，肥而不腻，香鲜味美，具有香、酥、嫩的特点。

6.注意事项：

（1）鸡在加热时先大火烧煮，后用小火焖熟。

（2）为确保鸡外皮有脆感，在鸡熟后马上用冰水激冷，使鸡的外皮收紧。

盐水鸭

盐水鸭

1.烹调方法：盐水煮。

2.主料：净麻鸭一只（约2000克）。

3.调辅料：盐150克、葱50克、姜50克、花椒100克、大曲酒25克、味精7克。

4.制作过程：

（1）将鸭子内脏去净并清洗后，在鸭子腹壁里外抹上盐，腌2小时左右。

（2）把锅烧热加入清水、花椒、盐、葱、姜，将鸭子下锅，烧开后转文火煮至四成熟，再加入大曲酒、味精，继续煮至鸭子全熟时取出。

（3）煮鸭子的卤汁也同时离锅（下次可再用），待鸭子冷却后，再浸入卤汁内，临吃时取出，切成长方块装盆，浇上少许卤汁即成。

5.成品特点：皮白肉嫩，肥而不腻，香鲜味美，具有香、酥、嫩的特点。

6.注意事项：

（1）鸭身上的盐必须全部擦到位，腌的时间必须充分，否则鸭味不足。

（2）在烧制的时候要用大火。

思考题：

1.鸡的选择有什么要求？

2.在制作煮制菜肴时如何去除腥味？

八、蒸制法

蒸制法是将原料经过初加工和腌渍入味后，再加入蒸锅中烹制成熟的一种成菜方法。

蒸制法的成菜特点：成菜后原料的颜色保持不变，口感多清鲜软嫩。在冷菜制作中，该方法多用于制作一些特殊菜品。

菜品制作：

冰糖木瓜

1.烹调方法：蒸制法。

2.主料：木瓜2个。

3.调料：冰糖50克、桂花1克。

4.初步加工：木瓜去皮。

5.制作过程：

（1）木瓜切去两头，对半切开，再对半切开，一分为四。

（2）将木瓜放大碗里，放入冰糖并加入适量的水蒸熟（3分钟左右即可）。

（3）将木瓜带糖水冷透，改刀装盘，撒上糖桂花。

6.菜肴特点：色泽红亮，质感细腻，冰甜可口。

7.注意事项：

（1）在挑选木瓜的时候不能挑太熟的木瓜，不易成型。

（2）蒸木瓜的时间要掌控好，不能蒸太久。

（3）木瓜最好在冰箱里放过夜，这样口感会更好。

冰糖木瓜

彩色石榴包

1.烹调方法：蒸制法。

2.主料：越南春卷皮12张。

彩色石榴包

3.调辅料：胡萝卜100克、甜豆50克、红太空椒50克、黄太空椒50克、小葱50克，适量盐、味精、熟山茶油。

4.加工处理：

（1）将加热好的胡萝卜、红太空椒、黄太空椒切成细粒。

（2）小葱用沸水烫熟。

5.制作过程：

（1）将胡萝卜、甜豆、红太空椒、黄太空椒分别放盐、味精、熟山茶油拌入味，待用。

（2）越南春卷皮放水中泡软，吸干水分。

（3）将春卷皮摊开，分别放入调好味道的胡萝卜丁、甜豆、红太空椒末、黄太空椒末，用小葱绕紧收口，上蒸箱蒸2分钟即可。

（4）出箱装盘。

6.成品特点：造型逼真，色彩通透，诱人食欲。

7.注意事项：

（1）春卷皮用水泡软后一定要吸干水分。

（2）石榴包收口时一定要收紧。

思考题：

蒸制菜品在制作时怎么样才能使菜品在短时间内酥烂？

九、炸制法

炸制法是将原料经初加工并腌渍入味后，再放入热油中炸制成熟的一种成菜方法。炸制法也常应用于热菜和面点的制作中，但在制作冷菜时更要注意油温和火候的掌握，在制作过程中要精益求精。

炸制法的成菜特点：菜品口感多为干香、酥脆、香浓醇厚、松软利口，是佐酒佳品。

📷 示例（炸制法）

炸制法分为炸收和油炸卤浸两种方法。

炸收又称油焖，是将经过清炸或干煸的半成品入锅，加入调料、鲜汤，用中火或小火焖烧，大火收干汤汁，是成品回软入味、干香滋润、汤汁油亮的一种烹调方法。

油炸卤浸是把原料用油炸后，以中小火自然收汁入味，或趁热浇上事先兑好的味汁，抑或使用卤汁浸渍的烹调方法。

油炸卤浸的操作要领：原料一般不挂糊，直接放入油锅中炸，油温控制在160℃，而且要分次下；油炸前需要用调味品腌渍的原料不宜太咸，并且要沥干水分；兑制的调味汁与原料比例要恰当，调味汁口味要醇厚；在火候运用上，应先用小火煮至入味，再转用中火自然收稠卤汁。

菜品制作：

油爆虾

1.烹调方法：炸制法。

2.主料：河虾300克。

📷 油爆虾

3.调辅料：盐2克、酱油20毫升、米醋20毫升、料酒20毫升、糖30克、麻油5毫升、小葱20克、生姜10克。

4.加工过程：

（1）初步处理：河虾剪须，小葱、生姜洗干净。

（2）刀工处理：姜切末，葱切丝。

5.制作过程：

（1）锅内倒入1000毫升色拉油加热至180℃，河虾倒入锅中，盖上锅盖油炸，将河虾捞出，让锅内油继续加热，倒入河虾复炸，炸酥后捞出炸好的河虾，沥干油待用。

（2）锅洗净，冷锅加热，倒入20毫升色拉油滑锅，加入姜末拌炒。倒入料酒、酱油、糖、盐拌炒，再倒入20毫升清水，将水煮沸待汤汁烧稠时再倒入炸好的河虾，并加入米醋拌炒，最后倒入麻油拌炒。

（3）关火出锅，装盘撒上葱花。

6.成品要求：菜肴整体美观、精致，虾外酥里嫩，口味甜酸，汁厚红亮。

7.注意事项：

（1）虾炸的时候油温一定要高，要炸酥，最好要复炸。

（2）炸过虾的锅一定要清洗干净，以免烧出来的虾有"锅蚂蚁"。

（3）虾的口味是轻糖醋味，味型上不要调错。

（4）调汁的时候要注意，汁水要浓亮稠厚，再倒入虾拌匀即可。

椒盐带鱼排

椒盐带鱼排

1.烹调方法：炸制法。

2.主料：带鱼1000克。

3.调辅料：小葱50克、生姜50克、椒盐20克、盐焗粉10克、胡椒粉5克。

4.制作过程：

（1）带鱼宰杀清洗干净，去脊背骨，用葱、姜、料酒腌制15分钟。

（2）带鱼用吸水纸吸干水分，卷起来用牙签定形。

（3）锅内倒入油，待油温升至5成时，下带鱼炸至金黄色。

（4）撒上椒盐、盐焗粉、胡椒粉、小葱，即可装盘。

5.成品特点：色泽金黄，外脆里嫩。

6.注意事项：

（1）带鱼一定要去骨，腌制。

（2）炸的时候油温要高，量要少，否则容易粘连。

思考题：

1.采用炸制法时，怎样才能使菜品保持完整不碎？

2.通过什么方法才能使制作出来的菜品色泽红亮？

十、爆制法

将原料经过初加工处理并腌渍入味后，再经初步热处理，放到调好的汤水中先大火烧至上色后，再改用小火收尽汤水，此种成菜方法称为爆制法。

爆制法是冷菜制作过程中的一种特有制法。制成的菜品色彩亮丽，引人食欲，是冷菜中的精品。制菜程序多而烦琐，烹制时间也很长。固菜品在销售和储存时不易损坏、变质，故而可成批量生产。

爆制法的成菜特点：菜品的色泽油亮，口感干香、柔韧、清爽，味透肌里，味浓醇厚。

十一、烤制法

烤制法是一种精湛的技术，是将原料经过加工处理并腌渍入味后，再放到烤炉中烘烤制熟的一种成菜方法。烤制法是古代人类制作食物的一种方法，它是人类烹制食物的最初方法。此法沿用至今，人们已经改良了其中的一些原始工艺。烤制成的菜品多数是外焦里嫩，香味浓郁，引人食欲。它现如今还是人们广为传用的一种制作菜品的方法。利用该法制作的菜品特别适合于人们的口感需求，所以此法在中餐和西餐中都有非常广泛的应用。

烤制法包括暗炉烤和明炉烤两种方式。

烤制法的成菜特点：菜品色泽油亮，烤制后的菜品外层酥脆、干香，内层软嫩、柔韧，爽滑利口，口味浓重，味透肌里，香味四溢。

烤制法的操作要领：烤制原料表面需涂抹饴糖或其他调味料，涂抹要均匀，饴糖等浓度要适中，要挂置于通风处吹干表皮；腌渍的烤制原料，要掌握调味料的比例和腌渍时间的长短；根据原料的体形、肥瘦、老嫩以及风味要求来确定烤制时间的长短。

菜品制作：

水果叉烧肉

水果叉烧肉

1.烹调方法：烤制法。

2.主料：猪肥瘦肉2000克。

3.调辅料：生姜50克、小葱50克、哈密瓜300克、甜瓜300克、火龙果300克、白糖200克、盐20克、南乳汁100克、蚝油20克、叉烧酱20克、海鲜酱20克、花生酱30克、味精30克、麦芽糖100克。

4.加工过程：

（1）刀工处理：将猪肉切成约25厘米×4厘米×3厘米的长条，哈密瓜、甜瓜、火龙果用挖球器挖出半圆球待用。

（2）初步加工：加入盐、南乳汁、白糖、蚝油、叉烧酱、海鲜酱、花生酱、味精、麦芽糖（50克）拌匀，腌制肉条45分钟。

5.制作过程：

（1）用叉烧环将肉逐条穿挂，放入烤炉，用中火烤约30分钟至熟（在烤的过程中注意转动，至瘦肉部分滴油即熟），取出，修去枯焦部分。

（2）将麦芽糖（50克）加沸水10克，在微火上煮至溶化，略凉后浇淋在叉烧肉表面，再回炉烤约2分钟至色泽鲜艳即成。食时改刀装入盘中。

（3）将烤好冷透的叉烧肉切成1厘米长的小块，跟哈密瓜串、甜瓜串、火龙果串一起装盘。

6.成品特点：外皮亮丽，色泽鲜亮，内咸外甜，色红亮，质感外脆里嫩。

7.注意事项：

（1）选肉时要选上脑肉，或者是后腿肉。

（2）腌制的时候要注意酱料的浓度和腌制时间。

（3）烤的时候要控制好火候，一般在200℃左右，烤10分钟就要注意观察是否烤焦。

思考题：

1.哪些原料可以用烤制法来加工成菜肴？

2.烤的时间与肉的大小成比例吗？

3.广东烤乳猪在烤制过程中，不让其尾巴烤焦的方法是什么？

十二、酥制法

通过多种烹制手段和加工手段使食品材料中的水分尽失后形成一种特殊口感，即制成酥松质软的风味菜肴，这种成菜过程称为酥制法（也称酥炸法）。酥制法在古法上是来长期保存原料的一种方法。这种方法通常将原料炸干或烤干，以备长时间食用。

酥制法的成菜特点：菜品酥松、干香、绵脆，菜品保质时间长，可批量生产。

酥炸又称油炸，是将原料经过刀工处理后调味或加热，入油锅中炸酥成菜的一种烹调方法。

酥炸一般分为不挂糊炸、挂糊炸和干炸三种。

不挂糊炸：是指将原料腌制或熟制后，投入油锅中炸酥成菜的一种烹调方法。

挂糊炸：是指将原料腌制或熟制后，在原料表面粘上发酵粉或用蛋液制成的糊浆，使炸后的菜肴外酥里嫩的一种烹调方法。

干炸：是指将原料腌制后，在外表粘上淀粉，直接下锅将原料炸熟的一种烹调方法。

菜品制作：

非一般鳕鱼

1.烹调方法：酥制法。

2.主料：银鳕鱼300克。

非一般鳕鱼

3.调辅料：小葱50克、生姜20克、干红辣椒5克、茴香2克、桂皮2克、香叶2克、盐2克、料酒50毫升、酱油10毫升、糖50克、米醋50毫升、番茄沙司100克、色拉油2000毫升。

4.加工过程：

（1）初步加工：葱洗干净打葱结，生姜去皮。

（2）刀工处理：将银鳕鱼切成小丁，放盐、料酒腌制15分钟。

5.制作过程：

（1）锅里倒入2000毫升色拉油，旺火加热到180℃，放入鱼肉炸制。

（2）炸至鱼肉色泽淡黄、结壳后，再关小火慢慢养酥。

（3）待鳕鱼块呈金黄色、酥脆时捞出，沥净余油，放在盘子里待用。

（4）锅内放入水250毫升、料酒50毫升、酱油10毫升、糖50克、米醋50毫升、番茄沙司100克，以及适量茴香、桂皮、干红辣椒，用中小火烧至浓稠。

（5）等卤汁烧稠后，倒入酥鱼翻拌一下，倒出装盘即可。

6.成品特点：色泽红亮，酸甜酥松，滋味浓郁。

7.注意事项：

（1）口味焦苦：鱼丁切太小，炸时火候未控制好导致炸糊了；用炸过鱼的油锅，直接烧汁。

（2）鱼丁散碎：未加盐腌制；油温太低。

（3）色淡味轻：投糖量不足；汁水欠浓。

8.操作建议：

（1）切鱼肉丁的时候，要切得略微大一点，切成2～3厘米见方的鱼丁。

（2）切好的鱼丁要腌制一下。

（3）油温要高，投放量要少。

（4）汁水要先熬制，要浓厚有光。

酥旗鱼

酥旗鱼

1.烹调方法：酥制法。

2.主料：旗鱼500克。

3.调辅料：椒盐5克、色拉油1000毫升。

4.制作过程：

（1）将旗鱼去掉内脏，并清洗干净。

（2）将色拉油倒入锅内，待油温升到七成时，将旗鱼下锅。

（3）关小火养酥旗鱼后，捞出沥油，撒上椒盐即可。

5. 注意事项：旗鱼一定要挑大小均匀的，炸时油温要高，锅要大，下鱼量要少，要控制好油温，以免炸焦。

杭州酥鱼

杭州酥鱼

1.烹调方法：炸制法。

2.主料：鲜活青鱼（或草鱼）肉500克。

3.调辅料：糟烧酒5克、绍酒15克、葱5克、酱油15克、姜块10克、白糖50克、茴香5克、精盐5克、桂皮5克、色拉油2500克、五香粉2克。

4.制作过程：

（1）鱼肉用斜刀批切成1.6厘米左右厚的瓦块状，盛入大搪瓷盆内，加绍酒、精盐腌渍约2小时后取出，晾干待用。

（2）大锅中放入水500克和绍酒10克，放入葱、姜（拍松）、茴香、桂皮、白糖，用旺火煎熬至汁水起黏性时，捞出葱、姜、茴香、桂皮，加入糟烧酒，离火，制成卤汁待用。

（3）另取大锅一只置旺火上，下色拉油，待油温升至七成左右时，将鱼块逐块下锅，炸至外层结壳时用漏勺捞起，待油温回升至七成时，复将鱼块入锅，炸至外层呈深棕色，用漏勺捞出，放入卤汁中，加盖焖渍约1分钟捞出，装盘即成。食用时可撒入少量五香粉。

5.成品特点：外香里嫩，鲜酥可口，甜咸兼之，回味浓郁。

6.注意事项：

（1）油温要控制好，若油温低，则炸不成型；若油温高，则容易焦而不能食用。炸制后的成品要求外脆香、里鲜嫩。

（2）汁水下料不能够太少，否则无味。

思考题：

1.酥制法和炸制法有什么不同？它们的共同点是什么？

2.酥制法的风味特点是什么？

十三、糟制法（酒醉法）

示例（糟制法）

将鲜活的动物原料或鲜嫩的植物原料，经过细加工处理后，以高级白酒或黄酒糟为主要调料，再配以各种调料制成特殊酒汁或糟水后，将原料下入这种酒汁或糟水中浸渍，这种制作方法称为糟制法。糟制法又称酒醉法，它是古代"八珍"方法中"渍"的一种延续。常见的菜品有：糟凤爪、糟鱼、糟蛋、醉鸡、醉肉、醉笋、醉腌猪蹄、醉虾、醉蟹、醉泥螺等。此法广泛应用于南方的一些地方菜中。

糟（酒醉）和腌大致相同，在制作上两者异曲同工。糟制法不同于腌制法的是，糟制法制作冷菜时不能发酵，菜品或原料在酒汁或糟水中浸透入味后即可成菜。如果菜品在浸泡过程中发酵出酸味，那么就说明此菜已腐败变质，不能食用了。而腌制法制成的菜品大部分需要发酵出酸味后，才能成为美味佳肴。

糟制法的成菜特点：菜品多突出原料的本色本味，新鲜爽口，菜品质感非常鲜嫩润滑，口味独特，醇香味浓，且有浓郁的酒香。

菜品制作：

虾油卤拼盘

1.烹调方法：糟制法。

2.主料：猪舌头2只、鸡半只、鸡肫4只。

3.调辅料：生姜50克、小葱50克、虾油卤1瓶、绍兴花雕酒200克、鲜汤500克、酱油50克、盐2克。

4.加工过程：

（1）猪舌头、鸡、鸡肫清洗干净，经初步处理，再放热水锅里煮熟，水沸后煮5分

虾油卤拼盘

钟左右捞出再清洗一遍，洗去浮末和血水。

（2）小葱清洗干净，打葱结，生姜清洗干净并切片。

5.制作过程：

（1）取干净锅子一个，倒入1000克水，水烧沸放入葱结、姜片，倒入花雕酒、酱油、鲜汤、虾油卤，烧沸关小火放盐调味，调好味出锅冷却。

（2）将清洗干净、沥干水分的猪舌头、鸡、鸡肫倒入卤水中浸泡24小时以上，待食物入味即可装盘食用。

6.成品特点：香味浓郁，肉味咸鲜。

7.注意事项：

（1）最好选用老一点的鸡，这样吃起来有嚼劲。

（2）调制虾油卤汁时千万不能旺火狂沸，汤水容易变混，卤水烧微开就要关小火。

（3）浸泡的时间要控制好，浸泡太久味道会太重。

糟鸡

糟鸡

1.烹调方法：糟腌法。

2.主料：净越鸡1只（约1500克）。

3.调辅料：糟烧酒150克、酒糟1000克、精盐50克、味精5克。

4.制作过程：

（1）将嫩鸡放在沸水锅中，汆2分钟左右捞出，清除血沫，放入另一只炒锅内，舀入清水浸没，置旺火上烧沸，改用小火焖烧10分钟，将锅端离火口，任其自然冷却。

（2）将鸡头、翅膀剁掉，鸡身剁为4块，用精盐、味精擦透。

（3）将酒糟、糟烧酒合在一起搅匀，备瓦罐一只，在底部倒入一半酒糟混合物，铺上消毒布，再将鸡块放入罐内。另取消毒布一块，盖在鸡块上面，然后倒入余下的酒糟混合物压实，密封罐口存放（低温冷藏）2天，即可食用。

5.成品特点：肉质鲜嫩，糟不黏鸡，鸡肉中有浓郁的糟香气味。

6.注意事项：

（1）烧开改小火加热时应先大火焖烧。

（2）原料冷却并改刀后，擦盐要均匀。

（3）存放过程要注意防止腐败、变质，一般要低温冷藏。

糟卤拼盘

糟卤拼盘

1.烹调方法：糟制法。

2.主料：基围虾300克、猪肚尖250克、五花肉200克。

3.调辅料：鸡蛋3个、葱50克、姜50克、淀粉若干、香糟卤400克、黄酒150克、酱油50克、盐5克、味精若干。

4.初步加工（蛋卷制作）：

（1）取鸡蛋3个，去蛋壳后打入碗内加料酒、盐并打散，再加入少量的水和湿淀粉搅匀。

（2）取不粘锅一个，放入少量的油，用餐巾纸将油擦匀并开火烤锅，待锅略微有点烫时倒入鸡蛋液，用微火摊蛋皮。

（3）五花肉清洗干净，剁成肉末，放入葱花、盐、料酒打上劲。

（4）取蛋皮改刀成长方形，放入肉末卷好，用保鲜膜包紧，两头用牙签戳几个小洞再放蒸笼里蒸熟。

5.制作过程：

（1）取猪肚尖用沸水煮熟，捞出清洗干净，基围虾投入开水锅中烫熟随即捞出，冷透。

（2）锅内倒入水，加入葱、姜、香糟卤、黄酒、盐、味精调匀糟卤，加热到快要沸腾时关火冷却。

（3）将猪肚尖、基围虾、蛋卷放入糟卤中，用玻璃纸（或加盖）密封，待约4小时后捞出装盘即成。

6.注意事项：

（1）脆嫩性植物原料，如春笋、芦笋等，以及一些动物性原料，如猪蹄、猪舌、猪肚、鸭舌、鹌鹑蛋、鸽蛋、鸭掌、鹅肝等，也可采用此法制作。

（2）糟卤味道要调得重一些，太淡容易坏。

（3）注意糟制时间，最好隔一天食用。

思考题：

1.采用糟制法时要注意哪些事项？

2.蔬菜糟制有什么讲究？

十四、熏制法

将原料加工处理制熟后，再放到垫有熏料的熏箱中，封严熏箱，用慢火加热，使箱中的熏料烧燃、炭化、生烟，并使烟香味吸附在被熏的菜品上，这种制菜的方法称为熏制法。熏制法是一种特殊的制菜方法，它使菜肴附着一种特殊的香味，采用此法保存菜肴或食品材料还能减缓食品被细菌污染的速度。

熏制法一般分为生熏和熟熏两种。

生熏：是对生原料进行熏制，适用于肉质鲜嫩、形状扁平的鱼类等。生熏的火候应小于熟熏，其熏制时间要比熟熏略长些。

熟熏：是对制熟的原料进行熏制，多用于制作整只禽类、大块的肉类及蛋制品等。

熏制食品的常用工具：文武刀、墩头、炉具、盆、碟、调味罐、手勺、漏勺、油缸、熏缸等。

菜品制作:

熏蛋

1.烹调方法:熏制法。

2.主料:鸡蛋。

3.辅料:红茶100克、白糖50克、香料20克。

4.制作过程:

(1)鸡蛋冷水下锅,开旺火烧至90℃时开小火烧5分钟,关火取出鸡蛋浸冷水即可。

(2)将鸡蛋剥去外壳。

(3)锅清洗干净擦干水,放入香料、白糖、红茶开旺火烧出烟雾。

(4)蒸架放入锅内,鸡蛋放在蒸架上,盖上锅盖开旺火熏2分钟即可。

5.注意事项:

(1)鸡蛋不要煮老了,煮好的鸡蛋一定要马上去壳。

(2)熏制时火要旺,盖子要盖紧。

烟熏豆腐

1.烹调方法:熏制法。

2.主料:嫩豆腐500克。

3.辅料:虾米100克、葱花50克、干茶叶300克、葱段150克。

4.调料:花椒盐少许、味精少许、料酒少许、白糖250克。

5.制作过程:

(1)将豆腐剁成泥状,加入虾米碎粒(水发)、葱花、花椒盐、味精、料酒,拌匀并上劲。

(2)在干净的不锈钢方盘内涂抹一层色拉油,平摊上豆腐,上蒸笼蒸透(20分钟左右)后取出,待冷后切成约6厘米见方的厚片。

(3)将豆腐投入烧至七成热的油锅中,炸至表面金黄色时捞出。

(4)锅中撒入茶叶(经水泡制后挤去水分)、白糖,放上铁丝网托,上铺一层葱段,再平放上豆腐,加盖熏制15分钟,将豆腐翻身,再熏制约5分钟取出,抹上一层麻油即成。

6.注意事项:

(1)豆腐除按此法外,也可经焯水后用虾皮、肉末、松花蛋、咸蛋黄、春椿、洋葱、榨菜、香菜、番茄或桃仁等与之拌制成菜。

(2)豆腐在加工时成形一般不宜过大,且一定要焯水,否则会影响其口味。

思考题:

1.熏制菜肴成品怎样才能上色?

2.熏制菜品保质期有多久?应该怎么保存?

十五、冻制法

　　将含胶质的动物性原料的外皮、鳞甲或琼脂等原料，经细加工处理，再经煮熬熔化后，使原料中的胶原蛋白渗入汤水中，调味后再经自然冷却，并使胶原汁再次凝结成固态，这种制作菜肴的方法称为冻制法。利用这种方法制成的菜品质感柔软，晶莹剔透，入口即化，营养丰富且容易消化吸收。此类菜品常用"水晶"或"冻"来命名。

　　冻制法的成菜特点：菜品口感柔软嫩滑、清凉爽口、入口即化，还可借助模具造型，其成品晶莹透亮，富含营养。

　　冻制法一般分为皮冻和琼脂冻两种。

　　皮冻：选用新鲜猪皮，加工后熬至肉皮软烂、汤汁有黏性，冷却后即成冻汁。

　　琼脂冻：也称琼胶、冻粉、洋粉，是从海生红藻类植物中提取的胶质。琼脂胶质吸水膨胀后加入各种调味品即成琼脂冻。

　　制作冻制品时的注意事项：

　　（1）皮冻的选料应是猪的背脊皮与腰肋部皮。

　　（2）冻制的原料必须新鲜。

　　（3）制作冻汁时，猪皮与汤水的比例为1∶6。

　　冻制法的操作要领：

　　（1）自身含胶质的原料一般有猪肉皮、猪肘蹄、羊骨、鱼皮等。

　　（2）制作冻汁所用的猪肉皮、琼脂和水的比例要恰当，不宜太稠或太稀，以免影响冻的嫩度。

　　（3）点缀时配料的色泽要鲜艳，浇主料时汤汁不要太烫，否则会影响成品的色泽。

　　（4）必须选择肉质嫩的原料为主料。

　　（5）用调制的冻汁浇入熟制原料时，一定要让冻汁浇满熟制原料的空隙，这样才能保证成品的质量。

菜品制作：

牛奶木瓜冻

1.烹调方法：冻制法。

2.主料：木瓜一个。

3.调辅料：牛奶50克、琼脂30克。

4.制作过程：

木瓜牛奶冻

（1）将木瓜去掉表皮，对开并去籽留用。

（2）将琼脂用水浸泡。

（3）将浸泡后的琼脂加牛奶蒸化，倒入木瓜内。

（4）全部冷却后，改刀装盘。

5.成品特点：原料黄、白相间，色泽诱人，营养丰富。

6.注意事项：琼脂的用水比例要掌握好，否则硬度不够。

绍兴冻扎肉

1.烹调方法：冻制法。

2.主料：五花肉1000克。

3.调辅料：小葱50克、生姜50克、茴香5克、桂皮5克、花椒10克、竹筒衣200克、东古酱油80克、母子酱油120克、白糖200克、绍兴加饭酒300克。

绍兴冻扎肉

4.初步加工：五花肉切成4厘米宽的长条，再斜批夹刀厚皮。竹筒衣热水泡涨撕成细丝，用来卷扎五花肉。生姜去皮拍扁，小葱清洗干净。猪肉皮放葱、姜后加料酒蒸1小时，去肥油，切丝，再放少量的水里煮沸，大约煮10分钟后倒出做成猪肉冻。

5.制作过程：

（1）将卷好的五花肉搓水，再在锅里倒入2000克水，放入清洗干净的肉卷，加入小葱、生姜、茴香、桂皮、花椒、东古酱油、母子酱油、白糖、绍兴加饭酒烧沸调好味。

（2）小火再烧40分钟左右，将扎肉夹出排整齐，冷却。

（3）将前面烧好的汁加肉皮冻再煮一会儿，撇去浮沫和油水，再次调味，用网筛去猪肉皮，将滤好的汤汁倒入扎肉中，淹没扎肉即可。

（4）大约放冰箱冷藏过一晚即可成冻，取肉改刀，装盘。

6.成品特点：肉冻相连，色泽红润，口感独特。

7.成品要求：肉要烧得软糯，冻要有筋骨，颜色不能太淡。

8.注意事项：

（1）要选肥瘦相连的肉，夹刀斜批的时候要控制好厚薄。

（2）要控制好肉的烧制时间和火候，成熟度要恰到好处。

（3）皮冻要多点，最好提前一天做好。

五彩鱼冻

五彩鱼冻

1.烹调方法：冻制法。

2.主料：鲈鱼一条（约750克）。

3.调辅料：姜5克、葱段15克、西兰花1颗、红太空椒1个、黄太空椒1个、鱼胶片2片、绍酒50毫升、胡椒粉5克。

4.初步加工：

（1）鲈鱼宰杀清洗干净，小葱清洗干净，打葱结。

（2）鲈鱼去鱼头，再对半从脊背骨横批开，取下肚档。

（3）西兰花切细头，红、黄太空椒切末，生姜切片。

5.制作过程：

（1）取切好的鱼排放在蒸盘上，皮朝上，放上姜片、葱结，淋上料酒，撒上盐，上蒸笼蒸约6分钟后拿出。

（2）西兰花末、红太空椒末、黄太空椒末过水捞出，吸干水分，撒在盘子上待用。

（3）取蒸好的鱼原汁倒入锅内，加入少量的水，放入鱼胶片煮化，汤水烧沸即可关火调味。

（4）把鱼排皮朝下放到西兰花末和太空椒末上，浇上鱼汤，鱼汤淹没鱼排即可。让其冷却，放冰箱冻一晚上即可食用。

6.成品特点：口感鲜嫩，色彩丰富，制作精细，诱人食欲。

7.成品要求：鱼肉冻表面色彩丰富，肉冻相连不能分开。

8.注意事项：

（1）西兰花要用刀取绿头再切末，太空椒要切得很细。

（2）鱼汁不能用旺火烧，容易变混。

（3）要控制鱼胶片的量，根据鱼汤的数量进行投放。

思考题：

1.琼脂的用水比例如何控制？

2.江浙一带的羊肉冻是如何制作的？

十六、腊制法（风干法）

原料经初加工处理并腌渍入味后，再进行初步热处理，然后放置在通风干燥处，吹干原料表层水分，这种方法称为腊制法。腊制法是古代制作菜肴方法的一种延续，古代"八珍"方法中的"熬"制法，就是腊制法在古代的叫法。采用此法加工原料，是为了保存动物原料或保存剩余食物。因为腊制后的菜品水分含量少，不易腐败变质，所以腊制法做成的菜保存时间比较长，销售周期也比较长，且损耗较小。制作此种菜品一般是从中国农历的腊月开始的，经过几千年的演化形成了其独特的风味和制作工艺，所以人们习惯称此种菜为"腊"菜，如腊肉、腊肠、腊兔、腊鸭、腊鱼等。

腊制法的成菜特点：菜品存放时间长，不易腐败，味浓厚，味透肌里，干香利口，味道特殊。

按动物类别分，腊制品可分为畜类、禽类、鱼类等。

按口味特点分，腊制品分为咸鲜类、麻辣类、咸甜类、五香类等。

制作腊制品的注意事项：

（1）腊制品多在冬至到立春期间制作。

（2）可依个人喜好增减调料的种类，以及配制其投放比例。

（3）要根据原料量的多少、烟雾量的大小来确定烟熏时间的长短，以制品色泽呈金黄色为好。

（4）在加工腊制品前，一定要用温水将烟渍清洗干净。

菜品制作：

温州腊鸭舌

1. 烹调方法：腊制法。

2. 主料：鸭舌500克。

3. 调辅料：葱50克、姜50克、大蒜50克、生抽20克、料酒80克、白砂糖60克、盐5克。

4. 制作过程：

（1）大葱切成段，老姜切片，大蒜拍碎，鸭舌用水淘洗两遍，备用。

（2）煮锅中加入足量的水，放入淘洗过的鸭舌，大火烧开后煮5分钟，看到锅中的水变得浑浊后将鸭舌捞出，装入盆中，用水反复搓洗干净。

（3）将刚才煮鸭舌的水倒掉，锅中重新注入足量的水，大火烧开后，放入洗净的鸭舌焯1分钟后捞出滤水。扯掉鸭舌表面的硬壳，这样处理过的鸭舌就很干净了。

（4）在处理过的鸭舌中加入生抽、料酒、白砂糖、盐、葱段、姜片、大蒜，腌渍一夜。

（5）将鸭舌晾干（不能放在有阳光的地方晒），晾到鸭舌明显缩水、表面干燥，备用。

（6）将鸭舌放蒸笼上，旺火蒸10分钟，蒸熟即可。

5. 注意事项：如果嫌风干的程序麻烦，也可略过这道工序，将腌好的鸭舌直接卤熟食用。但如果要做出一盘地道的温州酱鸭舌，这道工序是不能省略的。

思考题：

1. 腊制法和酱制法有什么区别？

2. 腊制法对天气有什么要求？

十七、脱水制法

将加工后的原料按其种类分别进行油炸、蒸煮、烘炒等处理，再进行挤压、揉搓，促使原料脱水而制成膨松、脆香的食品，这种制作方法称为脱水制法。

制作脱水制品时的注意事项：

（1）要选用新鲜脆嫩的植物性原料。

（2）动物性原料应不带脂肪、筋膜。

（3）需刀工处理的原料要切得均匀。

（4）调味时不能太咸。

（5）应根据各种原料的性质灵活掌握火候的大小，不可使制品焦煳、僵硬。

菜品制作：

蛋松

1. 烹调方法：脱水制法。

2.主料：鸡蛋500克。

3.调料：盐3克、味精2克、料酒15克。

4.制作过程：

（1）将鸡蛋磕入碗内，加入盐、味精和料酒，用筷子轻轻搅匀（调散）。

（2）当锅内的色拉油烧至六成热时，将蛋液慢慢地倒入油中，并用筷子轻轻地拨动油中的蛋液，当蛋浮起成丝状时捞出。

（3）用干纱布挤干蛋松里的油（或用餐巾纸上下挤压吸尽油），再用手将蛋松抖散成绒丝状即成。

5.注意事项：

（1）油温要控制在六七成，油温过低，难成松；太高，易焦枯。

（2）倒蛋液时要慢，使蛋液成细线状进入油锅，也可将蛋液慢慢倒入较细的漏筛，使蛋液通过漏筛的细孔进入热油中。

（3）要用植物油，不能用动物油，并且要吸尽其中的油，否则蛋松不蓬松。

鱼松

1.烹调方法：脱水制法。

2.主料：黄鱼肉500克。

3.调辅料：小葱20克、生姜10克、盐5克、料酒20克。

4.制作过程：

（1）将黄鱼加工整理后，去骨去皮，并剔除红肉，将鱼肉用清水漂洗（漂白）。

（2）鱼肉放入盛器内，加葱段、姜片、盐、料酒，上笼蒸制约20分钟取出，放入干净纱布中挤干水分。

（3）将鱼肉倒入锅中，用小火一边炒一边揉，待鱼肉水分炒干、发松成绒毛状时即成。

5.注意事项：

（1）米黄鱼、黄菇鱼等原料均可按此法进行制作。

（2）炒制时要用小火，否则鱼肉难以起松，且易焦枯。

（3）按此方法还可制成鸡松、肉松、干贝松、蟹松、鸽松等。

菜松

1.烹调方法：脱水制法。

2.主料：青菜。

3.制作过程：

（1）将大片青菜叶洗净，去掉粗筋，卷起切成细丝。

（2）将青菜丝投入五六成热的色拉油中炸制，并用竹筷轻轻拨动，待起小泡时（青菜呈碧绿色时）捞起，趁热用餐巾纸轻轻按压，吸尽菜松中的油，抖散晾冷即成。

4.注意事项：

（1）炸制菜松时，油温不宜过高，否则易焦枯、颜色发黑。

（2）大叶绿色蔬菜均可按此法进行制作。

（3）菜松炸好后一定要趁热吸尽其中的油，否则菜松会不够蓬松。

思考题：

1.采用脱水制法时为什么油温要那么高？

2.脱水制作时怎样去掉菜里面的油？

十八、糖粘制法

糖粘，又称挂霜、上霜，是将糖和水加热融化，待糖汁黏稠时，将加工好或制熟的原料入锅，使糖汁均匀地黏附于原料表面形成结晶的一种烹调方法。

糖粘制品的特点：质感嫩脆、香甜可口，多用于干果和水果。

菜品制作：

挂霜湘莲

1.烹调方法：糖粘制法。

2.主料：莲子。

3.调料：白糖。

4.制作过程：

（1）将水发的通心莲子放在糯米粉中滚拌，使莲子表面均匀地沾上一层米粉，放入漏勺中，在沸水中浸烫透彻，再倒入糯米粉中粘匀米粉，然后再下沸水锅中浸烫，如此重复3～4次，使莲子外层裹上较厚的粉衣。

（2）将裹上米粉的莲子投入烧至七成热的油锅中炸至表面结壳时，用手勺推动，待色呈金黄色时捞起。

（3）锅中加清水、白糖，并用手勺不停地搅动，当糖完全溶化成浆液（用手勺提起后略有丝）时放入糖桂花，倒入莲子，撒上熟芝麻，离火用手勺轻轻推翻，冷却后即成。

5.注意事项：

（1）腰果、花生仁、核桃仁、杏仁等均可炒熟（或用油焐透）后直接挂霜。

（2）土豆球（土豆泥制成）、山楂小块、苹果小块、鸭梨小块、香蕉小块、香桃小块经拍粉或挂糊并炸制后也可挂霜。

（3）白果（银杏）、马蹄（荸荠）也可按同样方法进行制作。

思考题：

1.挂霜时糖温多少度最为合适？

2.霜怎样才会白？

第四节 特殊冷菜制作工艺

特殊冷菜制作
工艺

这里所指的特殊冷菜，并非是由所谓的山珍野味类稀有原料制作而成的。这个"特殊"主要是从两个方面考虑：一是这些冷盘材料通常很少用于一般宴席的单碟冷盘之中，而更多地运用于造型冷盘的拼摆（色彩和形状的需要）；二是指这些冷盘材料在制作过程中往往需要两种或两种以上原料，并且在制作过程中，其工艺程序相对比较烦琐、复杂，对烹饪工艺的要求也相对较高。从某种角度来说，这些特殊材料是变化和丰富造型冷盘品种的必备条件之一，同时，它们也是成功制作某些造型冷盘的有力保障。因而，特殊冷菜的制作技术在冷盘工艺技术中就显得非常重要。

一、花色总盘蔬菜原料备制

主料：胡萝卜、心里美、芥蓝、西兰花。

制作过程：

（1）将胡萝卜、心里美、芥蓝、西兰花清洗干净，改刀。

（2）待锅内水烧沸后，将原料入锅煮熟。

注意事项：

（1）胡萝卜等质地硬的原料可冷水下锅。

（2）对于绿色的蔬菜原料，沸水断生即可，捞出后用冰水冷却保持其颜色。

二、萝卜卷

萝卜卷

主料：白萝卜。

辅料：红椒。

调料：盐、白糖、白醋、蜂蜜、糖桂花。

制作过程：

（1）将白萝卜洗净去皮后，批（或切）成薄片，放入盐水中腌渍约15分钟；将红椒切成细丝，加盐腌渍约10分钟。

（2）将白萝卜片摊开，在其较长边的一端顺长放上红椒丝，然后卷起（卷紧），将其排放在盘中。

（3）将白糖、白醋、蜂蜜、糖桂花一同加入碗内，均匀调制成糖醋汁，倒在盘中，使萝卜卷在卤中浸泡2小时后改刀装盘即成。

注意事项：

（1）萝卜片切得要薄，卷得要紧，否则易散，难成形。

（2）紫萝卜、心里美萝卜、莴苣、黄瓜、包菜等原料均可按此法制作，只是要注意两者之间的色彩搭配，要保持色彩的和谐。

（3）按同样的方法也可制成如意鸡卷、如意蛋卷、如意紫菜卷、如意包菜卷、如意黄瓜卷、如意腐皮卷、如意莴笋卷等。

三、盐水明虾

主料：明虾。

辅料：葱、姜。

调料：盐、料酒。

制作过程：

（1）将大明虾洗干净，入沸水锅烧，加盐、料酒、葱、姜调好味。

（2）等虾煮熟透，外壳呈红色即可捞出冷却。

注意事项：

（1）虾最好要挑新鲜、大小均匀的活明虾，烫制时一定要用沸水。

（2）如果要虾呈弯曲状态，那就要煮得久一点。

四、天然色素

制作品种：胡萝卜汁、红椒汁、菠菜汁。

主料：胡萝卜、红椒、菠菜。

制作过程：

（1）将胡萝卜、红椒、菠菜清洗干净。

（2）将红椒去籽。

（3）将胡萝卜、红椒、菠菜切碎，放入榨汁机分别压榨出汁。

注意事项：

（1）在胡萝卜汁、菠菜汁、红椒汁的制作过程中不可加水，要用物理压榨法榨出汁水。

（2）在制作汁水的过程中不可加色素。

五、牛奶冻

▶ 牛奶冻

主料：琼脂。

辅料：脱脂鲜奶。

制作过程：

（1）将琼脂在冷水中泡涨。

（2）将泡涨后的琼脂上蒸笼蒸化。

（3）倒入鲜奶调匀，继续蒸透。

注意事项：

（1）琼脂一定要泡涨，但不能涨过头。

（2）蒸制琼脂时不能再加水。

（3）在倒入鲜奶调匀后不可蒸太久，防止产生气泡。

六、蛋黄糕

🎥 蛋黄糕

主料：鸡蛋黄。

调料：生粉、盐。

制作过程：

（1）取鸡蛋黄搅匀。

（2）加入盐、生粉，并搅匀。

（3）用网筛过滤后，将蛋液倒入贴好保鲜膜的模具内。

（4）上蒸笼用文火蒸熟。

（5）拆去保鲜膜。

注意事项：

（1）制作底模一定要用保鲜膜或抹上猪油。

（2）蒸制时火要小。

知识外拓：

蛋白糕的制作方法与蛋黄糕的制作方法相同。在蛋白液中加入松花蛋白（切成三角形小块）即成"黑白蛋糕"，如果再加入咸鸭蛋蛋黄（切成丁状）即成"彩色蛋糕"。在蛋白液中还可加入绿菜汁、红曲水、可可粉（加水调匀）、胡萝卜汁、苋菜汁（鲜红色）等原料，以丰富蛋糕的色彩。在蛋白液中加入蟹黄蒸熟后即为"蟹黄蛋糕"。

七、可可糕

主料：琼脂。

调料：可可粉或者酱油。

制作过程：

（1）琼脂泡涨，上蒸笼蒸化。

（2）加入可可粉或酱油搅匀。

（3）继续上蒸笼蒸熟。

八、三色糕

主料：琼脂。

辅料：胡萝卜、菠菜、红椒。

制作过程：

（1）先榨出三色汁（胡萝卜汁、菠菜汁、红椒汁）。

（2）琼脂泡涨，上蒸笼蒸化。

（3）将蒸好的琼脂分成三份，分别倒入三色汁，再上蒸笼蒸制。

（4）蒸好后先拿出胡萝卜琼脂倒入盛器中冷却，等外表结壳时，再倒入菠菜琼脂冷却，等菠菜琼脂冷却后，再倒入红椒琼脂冷却，等全部冷却后倒出即可。

九、蛋皮摊制

主料：鸡蛋黄。

调料：盐、味精。

制作过程：

（1）将鸡蛋黄磕入碗内，加盐、味精，并调散搅匀。

（2）待炒锅烧热后，用小块肥膘在锅内壁涂抹，使其沾有薄薄的一层油。

（3）倒入蛋液，并前后左右地转动炒锅，使蛋液均匀地粘在锅壁上，待蛋液凝固后，双手提起蛋皮，将其反面放入锅中略烘即成。

注意事项：

（1）蛋黄液不能调得太稠，太稠了蛋皮太厚，也不能太稀，稀了很难摊制。

（2）用不粘锅摊制时，锅内油不能太多。

十、鱼茸卷

主料：鱼肉。

调辅料：胡萝卜、红椒、菠菜、生粉、鸡蛋、葱、姜、味精、盐、料酒。

🎥 鱼茸卷

制作过程：

（1）将鱼经过初步加工整理后取肉（剔除红肉），并用清水漂洗至白。

（2）用刀将鱼肉剁成茸（或用粉碎机绞碎），并用纱布过滤，加鸡蛋清搅匀后加水、葱姜汁、味精、盐、料酒，搅拌上劲成鱼溶胶。

（3）用纱布过滤，挤去筋膜。

（4）加入各种天然色素及适量生粉打上劲，静止10分钟，装入裱花袋中。

（5）取修好的蛋皮刮上一层同色鱼茸，再用裱花袋挤出鱼茸，两头包好。

（6）用保鲜膜包好鱼茸卷，戳几个小洞，上蒸笼用文火蒸熟。

（7）蒸熟后取出，趁热去除保鲜膜。

注意事项：

（1）在制作鱼茸卷时，鱼茸一定要用纱布滤过，打上劲。

（2）生粉可略微多加点，也可加点澄粉。

（3）蒸制时火要小，保鲜膜上要戳孔透气。

（4）从蒸笼中取出鱼茸卷时就要去除保鲜膜，否则冷了容易粘住保鲜膜。

（5）在鱼溶胶中也可加入有色原料来变化、丰富其色彩。

（6）青鱼、草鱼、鲢鱼、鲈鱼、鸡脯肉、虾肉等原料均可按此法制作成鱼糕、鸡糕、虾糕等。

知识外拓：

（1）蛋皮的大小、鱼茸胶的稠稀度

要根据具体所需紫菜蛋卷的粗细和使用的需要而定。

（2）鸡茸胶、虾茸胶也可代替鱼茸胶使用。

（3）如有特殊需要，也可在卷制时卷得略松一点，卷好后用手按压成形再上笼蒸透，即可成鸡心形、柳叶形、长方形或半圆形等形状。

（4）豆腐皮、紫菜、蛋皮、春卷皮等原料均可按此方法制作。

（5）在鱼茸胶中还可以加入鸡蛋黄（或胡萝卜素）、绿菜汁、苋菜汁、南卤汁、橙汁等原料来变化、丰富其色彩，如黄色鱼茸蛋卷、绿色鱼茸蛋卷、黄色鱼茸紫菜卷、红色鱼茸蛋卷等。

十一、猪耳卷

主料：猪耳朵。

调料：酱油、糖、料酒、茴香、

制作过程：

猪耳卷

（1）将猪耳朵过水，清洗干净。

（2）放入用酱油、料酒、糖、茴香、桂皮调好的卤水中，卤入味并上色。

（3）取出猪耳，劈去厚边，修平。

（4）用纱布包裹，外面用绳子扎紧即可。

注意事项：

（1）猪耳一定要卤酥烂。

（2）扎的时候一定要扎紧。

 第五节 **冷菜常用汁水的调制**

冷菜常用汁水
的调制

在冷菜的制作过程中，冷菜材料经装盘造型后，主要以单盘形式呈现，常常需要淋浇一些调制好的酱汁或带调味碟上桌，供客人蘸食，或冷菜材料经加工处理后，需用滋汁拌制或浸渍。另外，还有些冷菜材料不宜过早地调制入味，而要现拌（调味）现吃，因为有些冷菜材料预先调味后会渗水，味易淡薄，还有些冷菜材料如果过早地调味会影响其色泽。可见，掌握冷菜常用滋汁的调制技术，也是冷盘制作中不可忽视的重要组成部分。现将冷菜常用滋汁配兑比例及制作方法做相应的介绍。

一、常用滋汁

（一）通用糖醋汁

配方：糖150克、香醋100克、盐1克、姜末5克、葱花5克、蒜泥5克、酱油3克、调和油10克。

制作：调和油下锅加热，投入葱、姜、蒜煸炒起香，加入150克清水、酱油、糖、盐搅匀烧开，待冷后加入香醋搅匀即成。

注意事项：这是最具代表性的我国传统酸甜滋汁之一。值得一提的是，其中酱油的用量应视下醋后的色度而定，且加热时间不宜久、用量不宜多，否则色深味咸，反而不美。如果用的是黑醋，就不能用酱油，并需要适当掺些白醋调色。另外，在糖醋基准口味重的地方，也可以适量增添梅汁、柠檬汁、山楂酱、喼汁、红椒油、韭黄之类，以增加口味的丰富性。该滋汁可以稍长时间地保存和使用，但醋味容易挥发，因此，在保存过程中一定要加盖密封，并在使用时适量加醋。

（二）怪味汁

配方：盐5克、酱油20克、红油10克、花椒粉2.5克、白糖10克、味精2克、香醋5克、芝麻酱20克、麻油5克、姜末5克、蒜泥5克、葱花5克、高汤30克。

制作：红油下锅加热，投入葱、姜、蒜煸炒起香，加入芝麻酱、酱油、白糖、盐、高汤、味精搅匀烧开，待冷后加入香醋、花椒粉、麻油搅匀即成。

注意事项：该滋汁在调制过程中可以根据需要适当调整其辣度和麻度，也可以用梅汁、柠檬汁或山楂汁等来调制其酸度，另外，还可以在其中适量加些熟芝麻、桃仁末或腰果末等，以增加滋汁的香味。

（三）麻酱汁

配方：芝麻酱25克、白糖10克、酱油10克、葱油5克、胡椒粉1克、清汤10克、麻油10克。

制作：将所有调味料同放一碗内，搅匀即成。

注意事项：为了使滋汁的味道更具有丰富性和多样性，也可以根据情况在其中再分别适量加些海鲜酱、花生酱、八宝辣酱、沙茶酱、甜面酱、南乳汁等。

（四）麻辣汁

配方：辣椒粉5克、花椒粉2.5克、盐10克、酱油15克、白糖10克、麻油5克、豆豉末10克、调和油10克、味精1克、高汤20克。

制作：调和油下锅加热，投入辣椒粉、花椒粉、豆豉末煸炒起香，加入高汤、酱油、白糖、盐、味精搅匀烧开，待冷后加麻油搅匀即成。

注意事项：辣味调味料除辣椒粉之外还有很多，如泡椒、豆瓣酱、红油、辣酱等。有时为了使麻辣风味层次更加丰富、醇厚，也可以适当掺和这些调味料。

（五）酸辣汁

配方：酱油15克、香醋20克、胡椒粉10克、生姜汁10克、麻油15克。

制作：将所有调味料同放一碗内，搅拌均匀即可。

注意事项：这是酸辣汁中最普通的一种调制形式，适用于蔬菜类冷菜的制作，如果是动物性原料，在调制时可以适当添加些辣椒酱、豆瓣酱、红油、梅汁、柠檬汁以及山楂片（用水融化）等。另外，如果因色泽的需要也可不用香醋，而用白醋或浙醋（红醋）。

（六）通用辣酱

配方：辣椒酱20克、番茄酱10克、红泡椒末8克、白糖8克、OK汁5克、喼汁4克、花生酱3克、葱花5克、蒜蓉3克、鸡精1克、麻油5克、调和油5克、高汤15克。

制作：调和油下锅加热，投入葱花、蒜蓉、红泡椒末、辣椒酱、番茄酱煸炒起香，加入高汤调散的花生酱烧开，再加入白糖、OK汁、喼汁、鸡精搅匀，待冷后，加麻油搅匀即可。

注意事项：由于该滋汁的味道比较浓厚而复杂，且具有一定的黏稠度，因此比较适用于动物性原料的制作。当然，该滋汁的黏稠度也可以根据情况用高汤进行调整。

（七）豉酱汁

配方：豆豉粒10克、海鲜酱2.5克、葱花2.5克、蒜蓉4克、洋葱粒2克、姜米3克、青椒粒1克、红椒粒1克、陈皮粒0.5克、香菜籽粉0.1克、盐0.1克、鱼露0.5克、酱油0.5克、蚝油2克、料酒1克、调和油6克、高汤20克。

制作：调和油下锅加热，投入豆豉粒煸炒起香，再下姜米、葱花、蒜蓉、洋葱粒、青椒粒、红椒粒、陈皮粒煸炒起香，加入其他调味料烧开搅匀即成。

注意事项：该滋汁由于色呈褐红、豉香浓郁、味感层次丰富，因此在冷菜调味制作中经常作为禽鸟类、水产类以及家畜类等原料的淋浇汁或拌汁使用。

（八）海鲜豉油汁

配方：生抽王700克、鲮鱼骨500克、香菜120克、鲜味王50克、文蛤精50克、白糖60克、白胡椒粉12克、老抽5克。

制作：锅中加1500克清水、鲮鱼骨烧开后撇去浮沫，投入香菜用小火煮约30分钟，过滤后可得汤汁约1200克，再加入其他调味料搅匀即可。

注意事项：该滋汁在使用过程中，经常与一些复合油料如葱椒油、蒜椒油、红油酱油等共同混用。

（九）五酱奇香汁

配方：柱侯酱125克、叉烧酱110克、南乳汁120克、磨豉酱75克、酸梅酱40克、玫瑰露酒35克、葱姜汁20克、蒜10克、酒酿汁30克、白糖100克、味精2克、麻油25克、高汤350克、调和油10克。

制作：调和油下锅加热，投入柱侯酱、磨豉酱煸炒起香，然后再加入其他调味料烧开，炒和搅匀即可。

注意事项：该滋汁多用于冷菜的拌制，也可以作为蘸食味酱，在使用过程中可以根据冷菜原料的特性和具体需要调整滋汁的稠稀度。

（十）香辣沙律汁

配方：卡夫奇妙酱10克、孜然粉2克、吉士粉3克、鲜美香粉1克、香辣粉2克、辣酱油5克、葱姜汁25克、三花淡奶10克、盐3克、白糖5克、鸡粉2克、麻油3克、高汤50克、色拉油10克。

制作：色拉油下锅加热，投入香辣粉、孜然粉煸炒起香，然后再加入其他调味料烧开，炒和搅匀即成。

注意事项：该滋汁适用于植物类原料的制作，如黄瓜、菠菜、莴苣、包菜、胡萝卜、白萝卜、大白菜以及各种水果等。

（十一）番红米糟汁

配方：红米糟250克、浙醋125克、冰糖90克、玫瑰露酒2克、绍酒45克、味精2克、香槟酒60克、盐3克、橙肉粒50克。

制作：锅中加入200克清水烧开，投入冰糖、红米糟小火煮溶约20分钟，过滤去渣，然后再加入其他调味料，搅匀即成。

注意事项：该滋汁适用于猪蹄、猪肚、鸡爪、虾仁、毛豆以及芸豆等原料的调味制作，该味型清鲜爽口、酒香浓郁，尤其适合于春、夏季节食用。

（十二）葱椒梅汁

配方：台湾梅10颗、香葱白丝20克、香葱叶丝5克、嫩姜丝8克、白胡椒粉5克、鲜辣粉2克、味精2克、盐3克、鲜汤750克。

制作：锅中加入鲜汤、台湾梅，并用小火慢煮，待出味以后约30分钟，投入其他调味料，搅匀即成。

注意事项：根据需要也可适当加少量的花椒熬煮起香，此滋汁较多适用于动物性原料的制作，如牛肉、羊肉、猪肉、猪肚等。

（十三）酸辣鲜汁

配方：番茄沙司100克、绿芥末酱10克、竹叶青酒25克、辣椒粉1.5克、吉士粉2克、生抽王25克、味精2克、盐1克、白糖8克、葱姜汁10克、鲜汤50克、色拉油15克。

制作：色拉油下锅加热，投入番茄沙司、辣椒粉、葱姜汁煸炒起香，出红油后加入吉士粉、生抽王、盐、白糖、鲜汤、味精用小火熬融，待出味以后（约10分钟）起锅，冷透后拌入绿芥末酱、竹叶青酒，搅匀即成。

注意事项：该滋汁适用于动物性、植物性原料的制作，尤其是生料的调制，如活虾、生鱼片、生虾仁、活蟹、生紫包菜、鲜黄瓜等。

（十四）鲜美糟汁

配方：虾油卤7克、鱼露5克、香糟卤8克、生抽10克、姜末5克、五香粉0.5克、白糖5克、葱白粒3克、盐1克、料酒15克、高汤125克、色拉油15克、花椒油20克。

制作：色拉油下锅加热，投入姜末、葱白粒、五香粉煸炒起香，然后加入高汤、料酒、虾油卤、鱼露、生抽、白糖和盐用小火熬融，待稍冷后拌入香糟卤、花椒油，搅匀即成。

注意事项：该滋汁既可以作为制熟小型原料（如鸡丝、虾仁、鱼片、肫片、鸭掌等）的淋拌味汁使用，也可以作为中、大型原料（如整鱼、整鸡、整鸭等）的浸泡卤汁使用。

（十五）陈芹香汁

配方：陈皮末30克、洋葱末18克、药芹粒35克、白糖5克、生抽5克、盐3克、料酒10克、鸡精2克、白胡椒粉5克、鲜红番茄35克、鲜汤100克、调和油15克。

制作：调和油下锅加热，投入白糖、鲜红番茄煸出红油，然后再加入陈皮末、洋葱末、药芹粒煸炒起香，最后加入鲜汤和其他调味料用小火熬融，搅匀即成。

注意事项：该滋汁多作为冷菜的淋拌味汁使用，尤其适用于经过加热（如蒸、煮、汆等）成熟后的禽鸟类原料，如陈芹鸡丝、陈芹鸭掌、陈芹鸽松等。

（十六）香酱汁

配方：芝麻酱10克、花生酱10克、虾子酱油25克、番茄沙司15克、白糖8克、生抽3克、味美思红酒10克、鸡精2克、白胡椒粉2克、高汤20克、麻油5克、葱椒油10克。

制作：锅中加少量的高汤加热，加入芝麻酱、花生酱搅匀，再投入其他调味料用小火熬融，搅匀即成。

注意事项：采用这一方法调制的滋汁比较黏稠，一般多作为冷菜的蘸食味汁使用。这一味型的滋汁也可以作为冷菜的淋拌味汁使用，但在调制时需要增加一些汤汁和盐调整其稠度及咸度。

（十七）椒麻汁

配方：花椒末3克、老抽1克、生抽3克、香醋1克、糖1克、葱花2克、麻油4克、高汤10克、盐2克、味精1克。

制作：麻油下锅加热，投入葱花、花椒末煸炒起香，然后加入高汤和其他调味料用小火烧开，搅匀即成。

注意事项：该滋汁多作为冷菜的淋拌味汁使用，当然也可以根据需要适当增减花椒末的用量，以调整滋汁的麻味程度。

（十八）陈皮汁

配方：陈皮4克、盐2克、虾子酱油4克、香醋1克、花椒粉1克、姜末1克、葱花1克、糖1克、蒜油5克、红油2克、醪糟汁1克、高汤10克。

制作：蒜油下锅加热，投入葱花、花椒粉、姜末煸炒起香，然后加入高汤和其他调味料用小火烧开，搅匀即成。

注意事项：这一滋汁主要用于冷菜的淋拌入味，如果作为冷菜原料的浸泡卤汁使用，则需要将高汤和其他调味料按2∶1的比例加大投放量。该滋汁经过调配以后方可使用，否则会因过于浓稠而难以浸泡入味。

（十九）红油汁

配方：红油10克、生抽8克、老抽4克、白糖3克、盐6克、蒜油3克、香醋2克、麻油2克、味精2克、鲜汤5克。

制作：将所有调味料同放一碗内，搅匀即成。

注意事项：这一滋汁主要作为冷菜的淋拌味汁使用，如红油鸡丝、红油鸭掌、红油虾仁、红油鱼片等，一般不作为冷菜原料的浸泡卤汁使用。

（二十）香糟汁

配方：醪糟汁30克、盐4克、花椒油5克、白糖3克、姜末5克、葱花5克、色拉油15

克、鸡精2克、酒酿汁5克、高汤20克。

制作：色拉油下锅加热，投入葱花、姜末煸炒起香，然后加入高汤和其他调味料用小火烧开，搅匀即成。

注意事项：该滋汁主要作为冷菜的淋拌味汁使用。另外，该滋汁在冷透后一定要密封保存，否则香气易挥发。

（二十一）姜汁

配方：生姜汁10克、盐5克、酱油5克、香醋4克、麻油3克、色拉油10克、豆瓣酱4克、白糖3克、高汤10克。

制作：色拉油下锅加热，投入豆瓣酱煸炒起香，然后加入高汤和其他调味料用小火烧开，搅匀即成。

注意事项：该滋汁多作为冷菜的淋拌味汁使用，尤其适用于蔬菜原料制作的冷菜，如姜汁菠菜、姜汁莴苣、姜汁白菜等。

（二十二）蒜泥汁

配方：蒜泥10克、老抽2克、生抽4克、白糖3克、香醋1克、味精1克、红油2克、色拉油10克、葱花4克、盐2克、高汤15克。

制作：色拉油下锅加热，投入蒜泥、葱花煸炒起香，然后加入高汤和其他调味料用小火烧开，搅匀即成。

注意事项：该滋汁主要作为冷菜的淋拌味汁使用，多用于拌类冷菜，如黄瓜、海蜇、包菜、药芹、西芹、莴苣等。

（二十三）芥末汁

配方：酱油10克、白糖3克、盐3克、芥末酱4克、味精2克、麻油4克、高汤5克。

制作：将所有调味料同放一碗内，搅匀即成。

注意事项：芥末酱具有强烈的刺激味道，在调制时可以根据具体情况调整其投放量；也正因为如此，该滋汁多作为蘸食味汁使用。

（二十四）鱼香汁

配方：泡红椒末12克、盐3克、生抽4克、老抽2克、糖4克、香醋2克、姜末3克、蒜泥3克、葱花4克、色拉油5克、高汤20克。

制作：色拉油下锅加热，投入蒜泥、姜末、葱花、泡红椒末煸炒起香，然后加入高汤和其他调味料用小火烧开，搅匀即成。

注意事项：根据需要还可以加适量的豆瓣酱，该滋汁主要作为冷菜的淋拌味汁使用。

（二十五）香饼汁

配方：卡夫奇妙酱50克、雪碧16克、柠檬汁2克、香槟酒5克、盐0.2克、炼乳3克、鸡精1克。

制作：先将卡夫奇妙酱用雪碧调成糊状，再加入其他调味料，搅匀即成。

注意事项：该滋汁既可以作为冷菜的淋拌味汁使用，也可以作为蘸食味汁使用，多用于蔬菜和水果类原料，如包菜、黄瓜、莴苣、哈密瓜、菜瓜等。

（二十六）鲜皇汁

配方：虾油卤75克、唥汁100克、生抽120克、老抽3克、鱼露60克、绍酒30克、蒜泥10克、姜末10克、葱花5克、泡红椒末20克、盐1克、黑胡椒粉1克、味精2克、色拉油20克、麻油15克、高汤50克、香菜末20克。

制作：色拉油下锅加热，投入蒜泥、葱花、姜末、泡红椒末煸炒起香，然后加入高汤和其他调味料用小火烧开，冷透后放入香菜末，搅匀即成。

注意事项：该滋汁主要作为冷菜的淋拌味汁使用，一般不作为冷菜原料的浸泡卤汁使用。

二、调制复合调味

（一）红油

辣椒粉放入盛器内，将烧热炼熟的豆油倒入辣椒粉内，并搅拌均匀，待油呈红色即成。为了增加红油的色泽和香味，我们还可以在其中适量加些豆瓣酱、大蒜头、番茄酱等。

（二）葱油

将拍松的葱段放入锅内，加色拉油，用小火焙至葱段呈枯黄色，捞去葱段，待油晾冷后倒入盛器内，加盖或用玻璃纸封口即成。花椒油、蒜油、芥末油等均可按此方法进行制作。

（三）京葱茴香油

将京葱400克切碎，大茴香20克洗净用粉碎机打碎，加入盐1克、绍酒10克拌匀，与色拉油一同下锅，用中小火加热，当京葱炸至焦黄色时用细筛滤去渣滓即可。

（四）椒香麻油

把干红辣椒100克投入水中浸泡回软后切碎，肉桂叶10克与花椒25克用水浸泡回软后加黄酒25克及盐1克拌匀。将生姜片50克和以上物料同投入有色拉油500克的锅中，用中小火加热并保持油温在110~120℃，待油色起红并生香时，提高油温至130~140℃，当红辣椒起脆时用细筛捞出所有物料即成。

（五）丁桂五香油

将丁香6克、肉桂4克、小茴香8克、白蔻4克用水浸泡回软，然后与葱段5克、姜片3克、大曲酒1克一同投入放有色拉油100克的锅中，用中小火慢慢加热至160℃左右，待出香时离火，晾冷后用细筛捞出所有物料即成。

（六）花椒盐

将花椒与盐按1：5的比例配量投入锅中，用小火加热慢炒至起香，碾成粉末，待晾冷后加入适量的味精拌匀即成，主要用于蘸食或拌食。花椒盐在炒制过程中切忌用大火，否则花椒容易焦枯而失去香味。

（七）葱椒盐

以花椒盐为基础，将一定量的葱切成细蓉与之拌匀即成，主要用于拌食或制作冷菜时前期调味使用。

（八）五香盐

将大茴香5克、小茴香5克、丁香3克、桂皮4克、花椒3克分别用小火炒香并碾碎，再加入适量的盐、味精即成，主要用于拌食、蘸食或制作冷菜时前期调味使用。

（九）咖辣盐

将干红椒用油焐至香脆并碾成粉末，与咖喱粉按5：1的比例配量拌和，再加入适量的盐、味精拌匀即成，主要用于拌食、蘸食。

（十）四合粉

四合粉又称辣麻盐。将干辣椒粉、孜然粉、花椒粉、甘草粉按4：1：2：1的比例配量，再加入一定量的盐，用小火炒香，待晾冷透后加入适量的味精拌匀即成，主要用于蘸食或拌食。

（十一）姜汁醋

将玫瑰米醋50克、生姜汁3克、白糖5克拌和均匀即成，主要用于味碟蘸食。

（十二）蘸料酱油

将黄豆酱油100克、虾子3克、葱姜汁10克、八角2克同放锅内，用小火煮开，再调入白糖5克、味精1克拌和均匀即成，主要用于味碟蘸食。

（十三）京葱酱

锅中加入豆油20克烧热，加入甜面酱50克、白糖10克，用小火炒香，再加入葱花15克和适量的味精、麻油拌和均匀即成，主要用于味碟蘸食。

（十四）肉末辣酱

锅中加入豆油10克烧热，投入猪肉末（鸡肉、牛肉也可）10克和干红椒末5克，用小火煸干起香，加入黄豆酱50克、麻油6克，炒至起黏出香后再加入料酒20克、白糖3克、味精1克烧开至黏稠即成，主要用于味碟蘸食。此酱中也可以加适量的干香小丁、花生仁、药芹丁、香菇丁、笋丁等物料炒制，用作开味（调味）小碟。

（十五）沙姜油卤

将调和油60克、沙姜粉18克、盐2克、味精1克、白糖3克、高汤20克拌和均匀即成，主要用于味碟蘸食。花生油卤、麻油卤、蒜蓉油卤、桂花油卤、姜黄油卤等均可按此方法进行制作。

（十六）复合酱

两种以上的酱类按一定的比例混合即成为复合酱，一般以两种和三种酱混合为多。应该注意的是，多种酱的相加并不是盲目的，而应具有明确的互补特性，同时，一般还需要用油炒香并加入适量的糖、醋、味精和姜、葱、蒜等小料。现介绍数种常用复合酱的组合形式：

麻辣鲜酱＋番茄酱	甜面酱＋山楂酱
番茄酱＋苹果酱	卡夫奇妙酱＋番茄酱
沙茶酱＋花生酱	辣酱＋虾酱
海鲜酱＋柱侯酱	虾酱＋豆腐乳
沙嗲酱＋芝麻酱	豆瓣酱＋蛤蜊
麻辣鲜酱＋海鲜酱＋番茄酱	海鲜酱＋花生酱＋柱侯酱
豆瓣酱＋排骨酱＋芝麻辣酱	豆豉酱＋虾酱＋南乳汁
甜面酱＋果酱+芝麻酱	沙嗲酱＋花生酱+柱侯酱
豆腐乳＋海鲜酱＋花生酱	八宝辣酱＋沙茶酱＋海鲜酱

对于从一些本身含有芳香物质的植物油料种子中所榨取的香味油，我们一般不认为其是浸出物，而是萃取物，如芝麻油、葵花籽油等。用于冷菜调香的香味油浸出物，指的是一些本身没有明显香味的油脂，用辛香原料加热熬炼使其香味物质溶解，通过风味物质的转移作用所形成的香味油脂，它们往往具有复合香型，其品种繁多、香型各异，是冷菜调香的重要材料。由于这些复合油料并不是直接从油料种子中榨取的，而是将辛香原料中可溶于油的呈香物质充分地溶解出来，这样，油就成为良好的溶香剂。然而，

这些辛香原料中的呈香物质一般耐热性比较差，且有相当部分不溶于油而溶于水，因此，制作香味复合油有时也需要借助于水的作用，形成水油融合剂。这样一方面可以控制油的温度不至于过高，以免呈香物质的挥发，另一方面有助于辛香原料中呈香物质的充分溶出，并在油中乳化。目前，有研究认为添加黄酒和盐，有助于这些辛香原料中各种呈香、呈味、呈色物质的充分溶出。在冷菜的调味过程中，香味复合油具有除臭、附香的重要功能。

香味复合油的品种虽然很多，但其加工方法大致相近，关键是对其特征性香气的组培。组培要有目的性，风格要鲜明，若给人以似是而非的感觉，则失去了调香油的实际作用。另外，由于香味复合油中香味的有效成分具有易挥发性，因此在保持这些香味复合油的过程中，必须密封冷藏，以尽量减少其香味的散失。

习题与实训

1. 在冷菜的烹调方法上，哪些烹调方法能更好地保留原料中的营养素，为什么？

2. 了解冷菜制作方法的分类，并说出生制冷吃与热制冷吃的区别。

3. 什么是卤？简述卤的分类及各种卤法的特点。

4. 简述港式灶和矮汤炉在功能、用途方面的区别。

5. 在选择和鉴别冷菜烹饪原料时，一般要注意什么问题？

6. 烤乳猪与广式烤鸭的糖皮水配方一样吗？请说明原因。

第二章练习题

Chapter 3

第三章

中式冷菜
拼摆工艺

**学习
目标**

1. 掌握冷菜的常用刀法和具体用途。

2. 了解冷菜的拼摆手法及其具体要求。

3. 掌握冷菜制作的六种手法。

4. 领会高三拼和基础总盘制作的关键步骤。

5. 学习各种花色总盘的制作。

 第一节　冷菜拼摆制作基础知识

冷菜拼摆制作
基础知识

一、冷菜拼摆的要求

（一）拼摆出的冷菜要益于食用

冷菜拼摆是将制作好的冷菜成品重新组合、重新切配、精细摆装，从而组成新的菜品，目的是让食用者更好地食用。厨师在置办宴席时，一定要考虑冷菜拼摆的特点，避免华而不实的冷菜拼摆菜品上桌，以免食用者对宴席及服务质量提出异议。

（二）拼摆出的冷菜要色彩协调美观

有人认为，热菜拼摆造型是大写意的中国画；而冷菜拼摆造型就像中国彩墨画中的工笔画。拼摆冷菜时必须利用原料色彩进行套色，使拼出的菜品不但色彩逼真而且和谐悦目。我们在色彩组合上可以做艺术修饰，但不能夸张，做到求实、求真的色彩效果就可以了。

（三）拼摆冷菜时，要注意硬面和软面原料的有机结合

硬面原料即质地较为坚实，经过刀工处理后具有特定形状的原料，经拼摆排列后能形成整齐而又富有节奏感的平面，如酱牛腱、烤通脊、叉烧肉等。

软面原料即没有特定形状，经过切配和拼摆后不能整齐排列，或者用细小的原料堆砌起来，形成的是不规则表面的原料，如五香花生米、肉松、泡菜、红油肚丝等。

在两类原料重新搭配、组合、造型的过程中，如果灵活选取、利用原料，在拼摆造型上就能创造出很多逼真图形。如制作一只鸟形拼摆，鸟身上的羽毛形状各异，但大体可分为羽毛和绒毛两大类。拼摆这样的图形时，在选料上就可以用硬面原料切出羽毛的形态，拼摆出羽翼的图形；再用细小的软面原料堆出绒毛部分的图形。两类原料拼装在一起，按设计要求，就能拼摆出鸟的整体形状。灵活、合理地利用好软面和硬面原料，可加快拼摆冷菜的速度，创造出逼真的图形，还能增加拼摆菜品的艺术效果。

（四）拼摆冷菜时，花样品种和拼摆手法要富于变化

冷菜的各种拼摆菜品同时上桌时，图形不要千篇一律，所拼图形的样式和姿态也不应整齐划一。拼摆是对美食的修饰，要让美食制品达到最美的效果。如果拼摆后样式一样或者太整齐了，就会给人以呆板的感觉，从而影响菜品的呈现效果。拼摆时如果只用一种手法进行拼装，不注意变化，不但一些图案的效果拼不出来，而且这样的菜品还会

给人以死板和单调的感觉，那就失去拼摆的意义了。因此，我们在制作拼摆菜品时要采用灵活的拼摆手法，创造丰富多彩的拼摆菜品。

（五）拼摆冷菜时，要选择适当的盛器

菜品质量的优劣对食用者而言尤为重要，同时优质的菜品还要选择合适盛装的器皿。冷菜拼摆菜品是创作于器皿上的艺术，它的创作空间只能在器皿这个范围内。因此，在选择拼摆冷菜的盛装器皿时，拼摆图形的色彩要与器皿色彩纹饰相协调；冷菜拼摆图形的整体形状要与器皿的空间相协调；整桌宴席的器皿要搭配合理。清代诗人袁枚在观中国美食与美器的发展后言道："古语云：美食不如美器。斯语是也。……煎炒宜盘，汤羹宜碗，煎炒宜铁锅，煨煮宜砂罐。"这无疑是对美食和美器关系最精妙的总结。

（六）拼摆冷菜时，要防止拼摆原料之间相互串味

拼摆一款有图形的冷菜菜品时，在用料上肯定要选择各种各样的冷菜制品。由于每种冷菜的特点都不一样，尤其在口味上差别很大，拼摆时就须考虑相互之间不能串味。在一盘拼摆菜品中，不但要体现其艺术性，而且要让食用者感受到丰富的口味变化。将各种冷菜拼装在一起时，不要影响菜品固有的味道。拼摆冷菜时，选择干燥、汁少、无汤的原料最为适宜，在盛装时要做到菜与菜之间的合理搭配，防止带汁水的菜品破坏其他干酥菜品的品质。

（七）拼摆冷菜时，要注意营养搭配

拼摆冷菜时，要注意原料间的营养搭配合理。无论制作什么样式的冷菜拼摆菜品，都要考虑营养的重要性。不但要荤素搭配合理，而且要使营养互补，使其作用更加突出，让食用者吃得科学、吃得健康，使冷菜的拼摆菜品更益于食用。

（八）拼摆冷菜时，要节约原料

冷菜的各种菜品，都是精选而成的，因此在冷菜拼摆的过程中，必须做到物尽其用，要注意拼摆原料的节约和合理使用。

二、冷菜拼摆的卫生注意事项

拼摆冷菜时，要严格遵守《食品安全法》的有关规定，做到"五专"后才能进行拼摆操作。在拼摆冷菜前，还要进行"三消毒"和"三查验"。"三消毒"指的是拼摆菜品前，要消毒冷菜制作间、消毒冷菜盛装器皿和使用工具、消毒生食的拼摆原料；"三查验"指的是查验拼摆用料和菜品的新鲜度、查验拼摆工具和操作环境的卫生程度、查验拼摆菜品中的调辅料的卫生质量。只有进行严格、细致的检查后，才可进行冷菜拼摆操作。冷菜拼摆制作过程的卫生注意事项归纳起来有以下几个方面。

（一）制作者的卫生要求

在冷菜的制作过程中，手与冷菜材料直接接触是难免的。因此，在进入冷菜制作间加工操作之前对手的消毒尤为重要，切不可忽视。一般可用3%的高锰酸钾溶液或其他消毒液浸洗，也可用75%的酒精擦洗，确保操作人员的手部清洁卫生。

（二）冷菜拼摆的保鲜要求

所有的冷菜菜品成形后，均应立即加盖（有的冷菜餐具带盖）或用保鲜膜密封放置，直到就餐者就座后由服务生揭去保鲜膜（或盖）供其食用。这样既可以防止冷菜菜品受到污染，也可以保持菜品应有的水分，以免菜品因失水而变形或变色，影响菜品应有的风味特色。当日剩余的冷菜材料，当日一定要重新回锅加热，待菜品冷却后再加以冷藏保存，并在次日使用前重新入锅烹制，以免冷菜材料因受污染而变质。另外，尽量根据本店的经营状况灵活掌握烹制冷菜所用材料的数量，使其与当日的销售量基本相符。

（三）点缀原料的卫生要求

在冷菜的制作过程中，会经常选用一些小型的瓜果或蔬菜原料进行点缀。在使用前必须将其清洗干净，并严格消毒，杜绝用生水清洗后直接使用，以免造成菜品的污染。同时，严禁使用不可生食的瓜果或原料进行点缀。冷菜原料的选择要特别严谨，因为它对冷菜菜品的卫生质量有着举足轻重的影响。腐败、变质、发霉、虫蛀以及有异味的原料要杜绝使用，一定要确保原料卫生。只有这样才能使冷菜拼摆菜品的卫生质量从根本上得到保障。

 第二节　冷菜装盘制作刀法介绍

🎥 冷菜装盘制作
刀法介绍

冷菜的制作拼摆离不开刀工处理和刀技发挥，主要表现在冷菜的制作和冷盘的拼摆上。刀工运用得当，可使冷菜入味三分，也可使冷盘保持外形完整、美观大方，以达到增进食欲的目的。

制作冷菜时所用的刀法讲究、细腻、精致，所以，对加工的原料要做到心中有数，才能下刀准确、得心应手。由于要加工的多为熟料，因此各种刀法在具体运用中也会有所不同。只有根据不同的原料、性质施以不同的刀法，才能达到预期的目的。下面介绍冷菜拼盘中的常用刀法与特殊刀法。

🎥 刀法展示：
切萝卜

一、直刀法

（一）切

切是菜肴切制中最根本的刀法。切是指刀身与原料之间成垂直角度，有节奏地进刀，使原料均等断开的一些方法。

在切制菜肴时，根据原料的性质和烹调要求，切法可分为直切、推切、拉切、锯切、铡切、滚切等六种方法。

1. 直切

采用直切刀法时，一般左手按稳原料，右手操刀。切时，刀垂直向下，既不向外推，也不向里拉，一刀一刀笔直地切下去。运用直切刀法时要求：第一，左右手要有节奏地配合；第二，左手中指关节抵住刀身向后移动，移动时要保持同等距离，不要忽快忽慢、偏宽偏窄，使切出的原料形状均匀、整齐；第三，右手运用腕力操刀，落刀要垂直，不偏里或偏外；第四，右手操刀时，左手要按稳原料。

直切刀法一般用于干脆性原料，如青笋、鲜藕、萝卜、黄瓜、白菜、土豆等。

2. 推切

推切刀法是指刀与原料垂直，切时刀由后向前推，着力点在刀的后部，一切推到底，不再向回拉。推切主要用于质地较松散、用直刀切容易破裂或散开的原料，如叉烧肉、熟鸡蛋等。

3. 拉切

拉切刀法是在施刀时，刀与原料垂直，切时刀由前向后拉。拉切法实际上是虚推实拉，主要以拉为主，着力点在刀的前部。拉切适用于韧性较强的原料，如千张、海带、鲜肉等。

推切与拉切都是运用手腕力量，动作也大体相同，不同的是推切是由后向前，拉切则由前向后。初学时，只有较熟练地掌握了直切法后，才能运用推切、拉切两种刀法。最好先从推切开始学，然后再练拉切。

4. 锯切

锯切也称推拉切。锯切刀法是推切刀法和拉切刀法的结合，是比较难掌握的一种刀法。锯切刀法是指刀与原料垂直，切时先将刀向前推，然后再向后拉。这样一推一拉像拉锯一样向下把原料切断。运用锯切刀法时要求：第一，刀运行的速度要慢，着力小而匀；第二，前后推拉刀面要笔直，不能偏里或偏外；第三，切时左手将原料按稳，不能移动，否则原料会大小薄厚不匀；第四，要用腕力和左手中指合作，以控制原料形状和薄厚。

锯切刀法一般用于把较厚无骨而有韧性的原料或质地松软的原料切成较薄的片形，如涮羊肉的肉片等。

5. 铡切

铡切的方法有两种：一种是右手握刀柄，左手握住刀背的前端，两手平衡用力压

切；另一种是右手握住刀柄，左手按住刀背前端，左右两手交替用力摇动。运用铡切刀法时要求：第一，刀要对准所切的部位，并使原料不能移动，下刀要准；第二，不管压切还是摇切，都要迅速敏捷、用力均匀。

铡切刀法一般用于处理带有软骨、细小骨或体小、形圆易滑的生料和熟料，如鸡、鸭、鱼、蟹、花生米等。

6. 滚切

滚切刀法是指左手按稳原料，右手持刀不断下切，每切一刀即将原料滚动一次。根据原料滚动的姿势和速度来决定切成片或块。一般情况下，滚得快、切得慢，切出来的是块；滚得慢、切得快，切出来的是片。这种滚切法可切出多种类型的块、片，如滚刀块、菱角块、梳子块等。运用滚切刀法时要求：左手滚动原料的斜度要掌握适中，右手要紧跟着原料滚动以一定的斜度切下去，保持原料大小、薄厚等均匀。

滚切刀法多用于圆形或椭圆形的脆性蔬菜类原料，如萝卜、青笋、黄瓜、茭白等。

（二）切制菜肴时应注意的事项

第一，切制原料时应使其粗细、薄厚均匀，长短一致，否则易导致原料生熟不一致。

第二，凡经过刀工处理的原料，不论丝、条、丁、块、片、段，必须不连刀。

第三，根据原料质地老嫩、纹路横竖情况，按不同烹调要求，采用不同的切法，如肉类原料，筋少、细嫩、易碎的应顺纹路切，筋多、质老的要顶纹路切，质地一般的要斜纹路切。

第四，注意主辅料形状的配合和原料的合理利用。一般是辅料服从主料，即丝对丝，片对片，辅料的形状略小于主料。用料时要周密计划、量材使用，尽可能做到大材大用、小材小用、细料细用、粗料巧用。

二、平刀法

平刀法又称片刀法。片又称劈，片的刀技也是处理无骨韧性原料、软性原料，或者是煮熟回软的动物和植物性原料的常用刀法。该法即用片刀把原料片成薄片。施刀时，一般都是将刀身放平，正着（或斜着）进行工作。由于原料性质不同，方法也不一样，大体有推刀片、拉刀片、斜刀片、反刀片、锯刀片和抖刀片等六种技法。

（一）推刀片

推刀片是左手按稳原料，右手持刀，刀身放平，使刀身和菜墩面呈近似平行状态，刀从原料的右侧片入，向左稳推，刀的前部贴墩子面，刀的后部略微抬高，以刀的高低来控制所要求的薄厚。左手按稳原料，但不要按得过重，在片原料时，以不移动为准。随着刀的片入，左手指可稍翘起，用掌心按住原料。推刀片多用于煮熟回软或脆性原料，如熟笋、玉兰片、豆腐干、肉冻等。

（二）拉刀片

拉刀片也要放平刀身，先将刀的后部片进原料，然后往回拉刀，一刀片下。拉刀片的要求基本与推刀片相同，只是刀口片进原料后的运动方向相反。拉刀片多用于韧性原料，如鸡片、鱼片、虾片、肉片等。

拉刀技法及其成品应用

（三）斜刀片

斜刀片也称坡刀片、抹刀片。斜刀片通常用于质地松脆的原料。其刀法是左手按稳原料的左端，右手持刀，刀背翘起，刀刃向左，角度略斜，片进原料，从原料表面靠近左手的部位向左下方移动。由于刀身以一定的倾斜角度片进原料，因此片成的块和片的面积较其原料的横断面要大些，而且呈斜状。如海参片、鸡片、鱼片、熟肚片、腰子片等，均可采用这种刀法。斜刀片的要求是：把原料放稳在墩子上，使其不致移动，左手按稳被压部位，与右手运动有节奏地配合，一刀挨一刀地切片下去。片的薄厚、大小以及斜度的掌握，主要依靠眼力注视两手动作和落刀的部位，同时，右手要牢牢地控制刀的运动方向。

（四）反刀片

这种方法与斜刀片的原理大致相同，不同的是反刀片的刀背向里（向着身体）、刀刃向外，利用刀刃的前半部工作，使刀身与菜墩子呈斜状。刀片进原料后，由里向外运动。反刀片一般适用于脆性易滑的原料。反刀片的要求是：左手按稳原料，并以左手中指上部关节抵住刀身，右手的刀紧贴着左手中指关节片进原料。左手向后的每一次移动，都要掌握同等距离，使片出的原料形状、薄厚一致。

（五）锯刀片

锯刀片是推拉综合的刀技。施刀时，先推片，后拉片，使刀一往一返都在工作。它是专片（无筋或少筋）瘦肉、通脊类原料的刀技。如鸡丝、肉丝等，就是先用锯片刀技，片成大薄片，然后再切丝。

（六）抖刀片

抖刀片的刀法是将刀身放平，左手按稳原料，右手持刀，片进原料后，从右向左运动。运动时刀刃要上下抖动，而且要抖得均匀。抖刀片一般用手美化原料形状，适合于加工软性原料。这种刀技能把原料片成水波式的片状，然后再直切，就形成了美观的锯齿，如松花蛋片、豆腐干丝等。

三、斜刀法

斜刀法是厨师要掌握的基本刀法之一。斜刀法是一种刀与墩面呈斜角，刀做倾斜运动将原料片（批）开的技法。这种刀法按刀的运动方向可分为斜刀拉片（批）、斜刀推片（批）等，主要用于将原料加工成片的形状。

（一）斜刀拉片（批）

这种刀法操作时，要求将刀身倾斜，刀背朝右前方，刀刃自左前方向右后方运动，将原料片（批）开。

操作方法：将原料放置在墩面里侧，左手伸直扶按原料，右手持刀，用刀刃的中部对准原料被片（批）的位置，刀自左前方向右后方运动，将片（批）开的原料向左后方移动，使原料离开刀，如此反复操作。

操作要领：刀在运动时，刀膛紧贴原料，避免原料被粘走或滑动。刀身的倾斜度要根据原料成形规格灵活调整。每片（批）一刀，刀与左手同时移动一次，并保持刀距相等。

适应原料：斜刀拉片适宜加工各种韧性原料，如腰子、净鱼肉、大虾肉、猪肉、牛肉、羊肉等，白菜帮、油菜帮、扁豆也可用这种刀法加工。

（二）斜刀推片（批）

这种刀法操作时，要求刀身倾斜，刀背朝左后方，刀刃自左后方向右前方运动。应用这种刀法主要用于将原料加工成片的形状。

操作方法：左手扶按原料，中指第一关节微屈，并顶住刀膛，右手持刀，刀身倾斜，用刀刃中前部对准原料被片（批）的位置，刀自左后方向右侧前方斜刀片（批）进，使原料断开，如此反复操作。

操作要领：刀膛要紧贴左手关节，每切一刀，左手与刀向左前方同时移动一次，并保持刀距一致。刀身的倾斜角度应根据加工原料成形规格灵活调整。

适应原料：斜刀推片适宜加工脆性原料，如芹菜、白菜等，熟肚子等软性材料也可用这种刀法加工。

四、特殊刀法

（一）剁

剁又称斩，一般用于无骨原料，是将原料斩成茸、泥或剁成末状的一种方法。通常，根据原料数量来决定用双刀剁还是用单刀剁。数量多的用双刀，又称排剁（斩）；数量少的则用单刀。

剁（斩）的要求是：两手持刀，保持一定的距离，不能太近或太远，两刀前端的距离可以稍近些，刀根的距离可稍远些。剁时运用手腕的力量，从左到右，然后再从右到左，反复排剁（斩）。操作时两手交替使用，要有节奏地做到此起彼落。同时，要将原料不断地翻动。其次，排剁（斩）时，不要提刀过高，在剁前将刀放在清水中蘸一下，以防止茸末黏刀或飞溅。在剁茸时，为了达到细腻的效果，可配合用刀背砸。单刀剁主要是剁带骨的鸡、鸭、鱼、兔、排骨、猪蹄等原料，该方法虽然简单，但落刀要准，力求均匀，其形状的大小一般以"骨牌块"较为适宜。

（二）劈

劈可分直刀劈和跟刀劈两种。

1. 直刀劈

直刀劈是指用右手将刀柄握牢，将刀高高举起，对准原料要劈的部位，运用手臂的力量用力向下直劈。劈时臂、肘、腕要协调一致而有力，要求一刀劈断。再劈第二刀往往不能劈在原来的刀口上，这样就会出现错刀，使原料不整齐，也易产生一些碎肉、碎骨。

直刀劈法常用于带骨或质地坚硬的原料，如火腿、咸猪肉、猪头、鱼头、猪排骨等。劈这些原料时所用的墩或菜板一定要放牢、放实。劈原料时，应将肉类的皮朝下，在肉面下刀；劈猪头、火腿、鱼头等原料时，左手要把所劈原料按稳，刀劈下时左手迅速离开，以防伤到手。初学时，可用左手持一木棍，将原料按实；木棍的一端要离所劈的刀口远一些，防止刀劈在木棍上出现滑刀。劈原料时要用刀刃的中部。

2. 跟刀劈

跟刀劈是将刀刃先嵌在原料要劈的部位内，然后将刀与原料同时劈下。例如劈猪蹄，将猪蹄竖起，蹄趾朝上，将刀刃嵌入趾中，右手牢握刀柄，左手持猪蹄与刀同时高高举起，用力劈下，刀在劈下时左手离开。跟刀劈时，左、右手要密切配合，左手握住原料，右手执刀，两手同时起落，而且刀刃要紧紧嵌在原料内部，且要嵌牢、嵌稳，这样在用力劈原料时刀与原料才不易脱落，劈出来的原料才符合规格要求。

（三）拍

采用拍刀法时，要将刀放平，用力拍击原料，使原料变碎和平滑等。如用拍刀法可使蒜瓣、鲜姜至碎，也可使肉类不滑，肉质疏松。

（四）剞

剞刀，有雕之意，所以又称剞花刀。剞刀是采用几种切和片的技法，将原料表面划上深而不透的横竖各种刀纹，经过烹调后，可使原料卷曲成各种形状，如麦穗、菊花、玉兰花、荔枝、核桃、鱼鳃、蓑衣、木梳背等形状。采用该种刀法可使原料易熟，并保持菜肴的鲜、嫩、脆，使调味汁易于挂在原料周围。剞刀法对刀口深度有一定的要求，一般为原料的2/3或4/5。

按操作方法分，剞刀法可分为推刀剞、拉刀剞和直刀剞。①推刀剞。推刀剞的技法与反刀片相似，以左手按住原料，右手持刀，刀口向外，刀背向里，刀身紧贴左手

中指上关节，片入原料2/3左右。深度要相等，距离要均匀。②拉刀剖。拉刀剖的技法与斜刀片相似，以左手按住原料，右手持刀，刀身向外，刀刃向里，将刀剖入原料，由左上方向右下方拉至原料2/3左右。③直刀剖。直刀剖与推刀切法相似，只是不能将原料切断而已。

按刀法应用分，剖刀法可分为一般剖和花刀剖两种。①一般剖只是在原料上剖上一排刀纹，如烹制整尾鱼时，即可用拉刀剖法。②花刀剖是剖刀法中应用最广泛的一种。所谓花刀，就是在原料上交叉地剖上各种花刀纹路，使原料经过烹调后，出现各种不同形状。但使用这一刀法，必须采用韧性带脆无筋的原料，如猪、羊、牛的腰子，以及猪肚子、鸡胗、鸭胗、鱿鱼等。

第三节　冷菜制作装盘的六种手法及高三拼

冷菜制作装盘的
六种手法及高三拼

冷菜的装盘，是菜肴烹制后在形态上美化整理的一道加工过程。由于冷菜在切配与装盘后即直接供人食用，因此，装盘与冷菜的质量关系密切，是构成冷菜特色的一个重要方面。冷菜的装盘除要求形态美观、色调鲜明外，更为重要的是要重视保持食品的清洁卫生，同时在装好、配好的前提下，应注意节约原料，防止为了追求形式而造成原料的浪费。

一、冷菜装盘的种类

（一）从内容方面划分

从内容方面来分，冷盘有单盘、拼盘、花色总盘三种形式。

（1）单盘。用一种菜肴装一盘的装盘形式叫单盘，它是最普通的装盘方法。装单盘的形式，有的是两头低、中间高的桥形，也有的是馒头形或其他形状。

（2）拼盘。用两种或两种以上菜肴装一盘的装盘形式叫拼盘。拼盘有双拼冷盘、三色冷盘、四色冷盘、什锦冷盘、扇形冷盘等，这些冷盘不仅要装得整齐，而且还要注意形式和色泽方面的搭配。

（3）花色总盘。用各种熟料装配成花卉、虫、鸟、兽等生动活泼的形象或各种美丽的图案的冷盘菜，称为花色总盘。花色总盘既可食用，又可供欣赏，大多用于宴会、筵席。在制作上，对技术性和艺术性有较高要求，且无论刀工和配色都必须事先考虑周到，这样才能做到形象逼真、色彩动人。

（二）从形式方面划分

从形式方面来分，冷盘有不拘形式的装盘、排叠整齐的装盘、成形成图的装盘和点缀衬托的装盘等四种形式。

（1）不拘形式的装盘。不拘形式的装盘又称乱刀盘，是将食物随便装入盘中，但装叠时仍要注意装得均匀，块片、大小、厚薄要一致。

（2）排叠整齐的装盘。排叠整齐的装盘，是将食物整齐地装入盘中的方法。如拼白鸡、卤肚的装盘，先将白鸡、卤肚斩块后，整齐切铲在刀面，再装入盘中。这种装盘形式线条清爽，形态整齐，排叠均匀。

（3）成形成图的装盘。成形成图的装盘，是将熟料配成各种式样的图案或物形的装盘方法。如"蝴蝶""雄鸡""凤凰""金鱼""龙虾""孔雀开屏""双凤朝阳"等冷盘，既可食用，又可供欣赏。

（4）点缀衬托的装盘。点缀衬托的装盘，是指在盘边或菜上酌放香菜、樱桃等装饰物的装盘方法。如在白鸡旁边摆些香菜，或在皮蛋上面放少许肉松，使菜肴增添色彩。但要注意的是点缀品也须放得恰当。

二、冷菜装盘的方法

冷菜大致有排、堆、叠、围、摆、复等六种装盘方法，这些方法都是与原料的加工成形（条、片、块、段等）密切相关的。因此，冷菜装盘有赖于刀工的配合。

（1）排。排就是将熟料平摆成行地放在盘中。排菜的形式，大多为单盘、拼盘、花色总盘等三种形式，用较厚的方块或腰圆块（椭圆形），且有各种不同排法。例如，火腿宜排成锯齿形，逐层排叠，可以排出多种花色；油爆虾或盐水虾宜剥去头部的壳后，两只一颠一倒拼成椭圆。

（2）堆。堆就是把熟料堆放在盆中，一般用于单盆，如荤菜中的卤鸭肝、酱牛肉、叉烧肉、油爆虾等，素菜中的拌干丝、卤汁面筋、拌双冬等。在堆的时候也可配色，堆成花纹，有些还能堆成很好看的宝塔形。

（3）叠。叠就是把加工好的熟料一片片整齐地叠起，一般做成梯形，叠时需与刀工结合起来，随切随叠，切一片叠一片，叠好后铲在刀面上，再盖到已经用另一种熟料垫底盖边的盆中。如火腿肠、白切肉片、猪舌、牛肉、卤腰、如意蛋卷、素火腿等，都可采用这种装盘方法。

（4）围。将切好的熟料，排列成环形层层围绕，这种方法叫作围。用围的装盘方法，可以将冷盘制出很多花样。有的在排好的主料四周，围上一层辅料来衬托主料，叫作围边；有的将主料围成花朵，在中间用另一种辅料点缀成花心，叫作排围。如将皮蛋切成瓦楞形并围成花形，中心撮少许火腿末或肉松作为花心，形状就更美观。

（5）摆。运用各式各样的刀法，采用不同形状和色彩的熟料，装摆成各种形状，如凤凰、孔雀、雄鸡等，这种方法叫作摆。该方法需要熟练的技术，才能摆得生动活泼、形象逼真。

（6）覆。将熟料先排在碗中或刀面上，再翻扣入盘中或菜面上，这种方法叫作覆。如冷盘中的油鸡、卤鸭等，斩成块后，先将正面朝下排扣于碗内，加上卤汁，食用时再翻扣入盘里。

三、冷菜拼摆的步骤

（一）垫底

将软面原料或一些冷菜的边角碎料堆砌在盘中，形成拼摆图形的基础形状，为将要制作的图形堆码出大体形状。垫底就像绘画中的打底稿，这一步是将要拼摆的图形定好位置，是拼摆造型的第一步。

（二）盖面

将硬面原料切成所需要的形状，再将其整齐地拼码在垫底的原料上，按设计要求排列成一定形状，将垫底的原料全部盖住。盖面就像绘画中的描绘，这一步把所创造图形的各个部分图形细致地描绘出来。经过盖面后图形的基本样式就能展现出来，再经过修饰整理拼摆图形也就全部完成了。此步骤是拼摆造型的第二步。

（三）衬托

在拼好的图案的适当部位，放置一些颜色明亮的菜品或原料，使拼摆图案更加光彩悦目。衬托就像绘画中的装饰和点缀，经过衬托后的图形更为引人入胜，更具艺术性，更加完美。

以上三个步骤可以帮助制作者顺利地进行冷菜的拼摆造型。在操作时绝对不能本末倒置、打乱顺序，以免制作冷菜拼摆时损耗原料而造成不必要的浪费。

四、冷菜的六种手法介绍：实训制作图解

围

（一）手法一：围

1.定义

围是冷菜拼摆手法中的一种。将切好的生料、熟料，按照环形层层围绕，这种方法就叫作围。采用这种装盘方法，可以将冷盘制出很多花样，如围边、排围、叠围等。

2.围的方法

围的方法包括围边、排围、叠围三种。

3.围的原料

原料选择较多，如黄瓜、河虾、火腿肠等。

4.操作关键

（1）改刀时片要切得厚薄均匀。

（2）围时首先要控制好底部一圈的大小，不能装满整个盘子，要留出盘子内圈的1/3空间。

（3）改刀过的原料之间要围得紧密、有规律。

（4）作品高度不得低于7厘米。

5.菜例

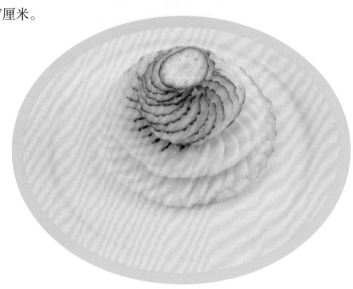

（1）黄瓜

📹 围：黄瓜

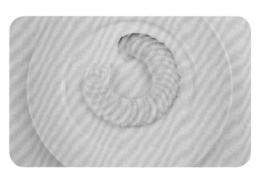

1.黄瓜清洗干净。

2.黄瓜拉片，要拉得均匀。

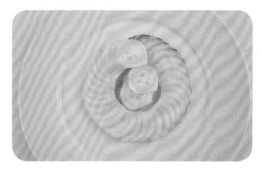

3.将黄瓜片一片片围起来。

4.中间填满黄瓜片，继续按底层的围法围上去，要注意应一层比一层小。

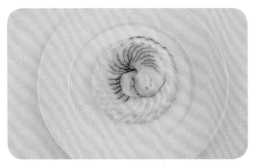

5. 当围到顶部时，要控制好片的密度，若围得太紧则容易塌陷。

6. 最后结顶。

（2）黄瓜蓑衣花刀

1. 黄瓜清洗干净。

2. 黄瓜横切分成三片，去掉瓜心，倾斜15°跳切，注意不能切断。

3. 将切好的片排开并一圈圈围上去，要注意应一层比一层小，内部垫底要结实，最后结顶。

（3）火腿肠

围：火腿肠

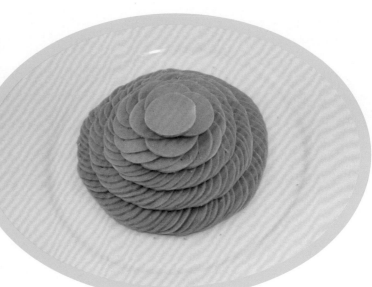

1. 取火腿肠4根。

2. 将火腿肠切薄片，然后一片片有规律地围起。

3. 一层比一层小地围上去，最后结顶。

难点解析：

刀工要精细，均匀，围的时候要有层次且均匀，注意方法得当。

（二）手法二：排（双排）

1. 定义

将经过刀工处理好的厚片、块、条及小型原料整齐而成行地排在盘中，这种方法就称为排。排菜的原料大多应用于单盘、拼盘和花色总盘等。

排

2. 排的原料

荤素兼可。

3. 菜例

（1）白萝卜

排：白萝卜

1. 白萝卜清洗干净。

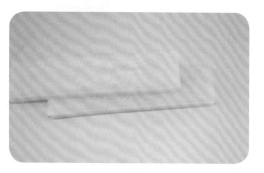

2. 白萝卜切成1厘米厚的厚片。

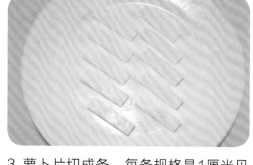

3. 萝卜片切成条，每条规格是1厘米见方、4厘米长。

4. 萝卜条交叉排起。

5. 以规律的排法结顶。

（2）西火腿（单排）

1. 取西火腿1块。

2. 西火腿切成1厘米见方、4厘米长的条状。

3. 交叉排起。

4. 以5根、4根、3根、2根、1根的排列
方式结顶。

冷菜
工艺 LENGCAI GONGYI

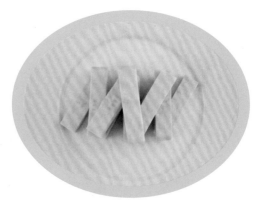

（3）豆腐干

1. 取豆腐干4片。

2. 修去豆腐干4边。

3. 切成4厘米长的条状。

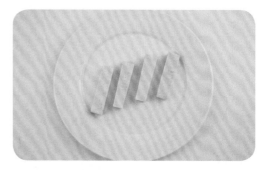

4. 有规律倾斜排好。

5. 交叉排列。

6. 以与西火腿同样的方式完成结顶。

难点解析：
取料规格要每片、每条都相同，大小要一致，排时要对称、均匀。

（三）手法三：**摆**

1. 定义

摆是冷菜拼摆手法中的一种，就是用精巧的刀功把不同色彩、形状、质地的原料加工成一定形状，按设计要求摆成各种图案，如摆出菊花形等。

2. 摆的原料

原料选择较多，如白萝卜、豆腐干、黄瓜、萝卜卷、卤鸭等。

3. 菜例

（1）**白萝卜**

1. 白萝卜清洗干净。

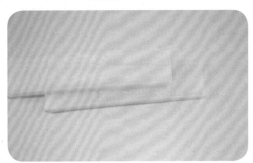

2. 白萝卜切成0.8厘米厚的厚片。

3. 切成0.8厘米见方的长条。

4. 切成菱形片后开始摆盘，底下8片，每片都留0.5厘米间距，摆成圆形。

5. 第二层在第一层的基础上放好。

6. 第三层的中间要放实，一层比一层小。

(2) 豆腐干

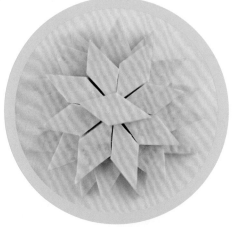

1. 取豆腐干4片。

2. 切成0.8厘米见方的长条。

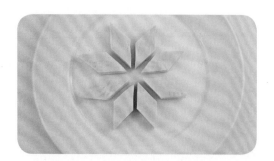

3. 切成菱形片后开始摆盘，底下8片，每片都留0.5厘米间距，摆成圆形。

4. 第二层在第一层的基础上放好。

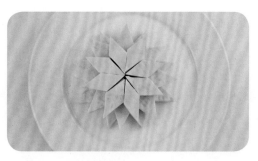

5. 第三层的中间要放实，一层比一层小。

6. 结顶。

（3）黄瓜

1. 黄瓜清洗干净。

2. 黄瓜一开六后去籽、去边。

3. 切成0.8厘米见方的长条。

4. 切成菱形片后开始摆盘，底下8片，
   每片都留0.5厘米间距，摆成圆形。

5. 第二层在第一层的基础上放好。

6. 摆第三层，结顶。

（4）萝卜卷

摆：萝卜卷

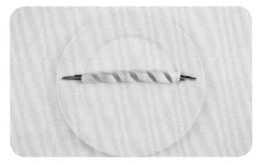

1. 白萝卜批薄片后用盐腌透，黄瓜皮切丝。

2. 卷好的萝卜卷切成菱形。

3. 围成一圈，作为第一层。

4. 第二层放在第一层交叉处，中间要垫实。

5. 以同样的方法结顶。

（5）西芹

摆：西芹

1. 西芹清洗干净。

2. 西芹对半切开，切平，修去边线。

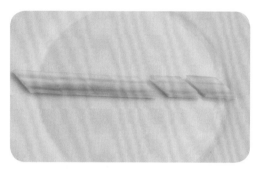

3. 切成菱形。

4. 开始摆盘，底下8片，每片都留0.5厘米间距，摆成圆形。

5. 第二层在第一层的基础上放好。

6. 以同样的方法结顶。

难点解析：

摆的手法要求材料要切得平整，做菊花形的材料要切成菱形，放的时候最底下一层要有间隔距离，否则放不高；每片菱形原料的尖角都呈45°，每层放8片，最后放一片收口。

（四）手法四：堆

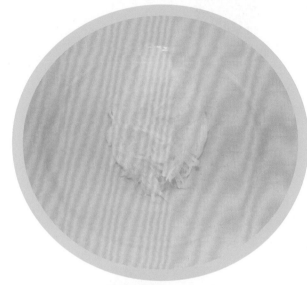

1.定义

堆就是把熟料经过刀工处理切成片、丝、丁后堆放在盆中，一般用于单盆，如荤菜中的卤牛肉、油爆虾、火腿肠等，素菜中的拌干丝、莴苣丝等。在堆的时候也可配色，堆成花纹，或堆成宝塔形等。

2.堆的原料

荤素皆可。

3.菜例

（1）白萝卜丝

1. 白萝卜清洗干净。

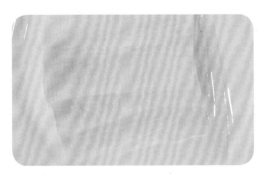

2. 白萝卜切片。

3. 白萝卜切丝，挤去水分，堆起。

（2）豆腐干

堆：豆腐干丝

1. 取豆腐干4片。

2. 修去豆腐干4边。

3. 豆腐干切薄片。

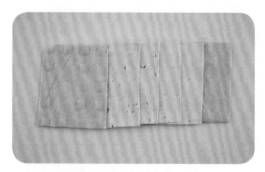

4. 切好的薄片依次排好。

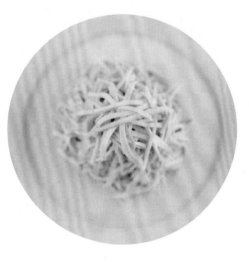

5. 豆腐干切丝，堆起。

（3）火腿肠

1. 取火腿肠4根。

2. 火腿肠切斜片。

3. 火腿肠切丝，堆起。

（4）莴苣

1. 选莴苣1根。

2. 取10厘米长的方段。

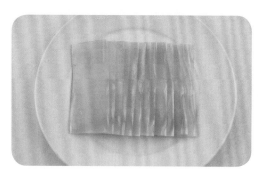

3. 拉片。

4. 切丝。

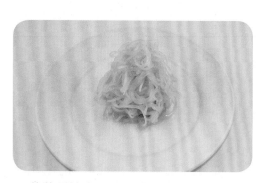

5. 莴苣丝挤去水分，堆成宝塔形。

难点解析：

堆的时候主要注重两点：一是刀工，丝要切得细、均匀；二是掌握堆的手法，两只手要协调好，左右互补，堆成宝塔形。

（五）手法五：叠

1.定义

叠就是把加工好的熟料一片片整齐地叠起，一般做成梯形，叠时需与刀工结合起来，随切随叠，切一片叠一片，叠好后铲在刀面上，再盖到已经用另一种熟料垫底盖边的盛器中。如白切肉片、猪舌、牛肉、如意蛋卷、素火腿、午餐肉、黄瓜等，都可采用这种装盘方法。

2.叠的原料

荤素（无骨）皆可。

3.菜例

午餐肉

叠：午餐肉

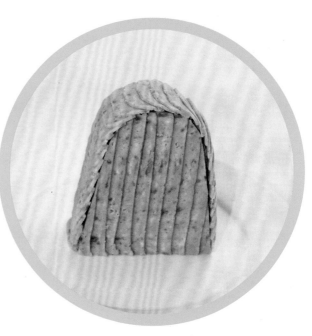

1.取午餐肉1罐。

2.打开午餐肉，倒出。

3. 将午餐肉分成盖面、盖边和龙骨3块。

4. 盖面厚度约为2厘米,盖边厚度约为1厘米。

5. 将龙骨修成高8厘米、厚3.5厘米、宽5.5厘米的拱桥形,再在中间切8块。

6. 盖面打薄片,放旁边待用。

7. 盖边打薄片,放旁边待用。

8. 先做两个盖边,再做盖面。

难点解析:

　　叠午餐肉时首先要懂得取料,要先取好盖面和盖边的料,再开始修形状,将龙骨修成拱桥形,改刀成8块再粘回去。刀面要切得均匀,排刀面要整齐,放盖面时最好用餐巾纸压一下吸住,否则容易散开。

（六）手法六：覆

覆

1.定义

将熟料先排在碗中或刀面上，再翻扣入盘中或菜面上的方法称为覆。例如，将油鸡、卤鸭斩成块后，先将正面朝下排扣在碗内，加上卤汁，食用时再翻扣入盘里。

新杭州名菜金牌扣肉就是用了这种方法。制作金牌扣肉时要有个模具，肉先卤烧好，压实，改刀（薄片不断），然后放进模具中，填实上笼蒸透即可扣出。

2.覆的原料

原料选择较多，如白切鸡、西火腿、午餐肉、香肠等。一般要求原料无骨、软性。

3.成品特点

形状饱满，肉质清香。

覆：双色萝卜

4.操作关键

（1）片排叠在碗内侧时，片与片之间要间隔一致。

（2）填料要紧实，扣出来的时候要整齐。

（3）操作的时候也可用手扣。

5.菜例

（1）火腿肠

1.取火腿肠4根。

2.火腿肠拉斜片。

3. 多余的火腿肠切丝垫底。

4. 围上盖边。

5. 修盖面，修成4~5厘米宽。

6. 盖上盖面。

（2）午餐肉

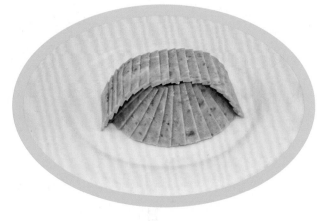

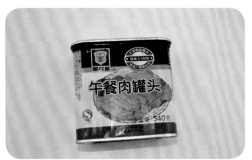

1. 取午餐肉1罐。

2. 横向取半段。

3. 分成盖面、盖边和底坯三块。

4. 盖面、盖边切片，放旁边待用。

5. 围上盖边。

6. 盖上盖面。

（3）西火腿

1. 取西火腿一段。

2. 取出高1.5厘米、长5厘米的方块。

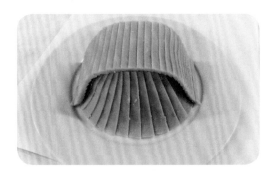

3. 打片，有规律地做出盖边、盖面，底
   料切丝打底。

4. 先打底再做盖边，然后做盖面，最后
   成形。

难点解析：
覆的手法注重刀面，要求盖面平整，盖边服帖，形似馒头。

五、综合手法介绍：双拼、三拼、高三拼

（一）双拼

定义：双拼就是将两种原料用两种不同的冷菜拼摆手法制作成一定造型的拼摆手法。

特点：两种原料的制作高度和成形方式都一样，一般制作成拱桥形。

原料：白萝卜半根、午餐肉1罐。

制作手法：堆、叠。

选择盛器：8寸圆盘。

操作过程：

双拼

1. 取午餐肉1罐。

2. 打开罐头，倒出午餐肉。

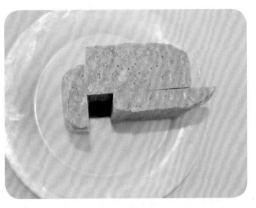

3. 将午餐肉分成盖面、盖边、龙骨三块。

4. 盖面厚度约为2厘米,盖边厚度约为1厘米。

5. 将龙骨修成高8厘米、宽5.5厘米、厚3.5厘米的拱桥形,中间再对切成8块。

6. 将盖面打薄片放旁边待用。

7. 同样的,将盖边打薄片后放旁边待用。

8. 先做两个盖边,再做盖面。

9. 将盖边、盖面都盖在龙骨上，做成拱桥形，放于盘子中间，修整外形待用。

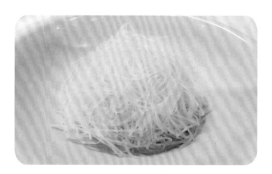

10. 将白萝卜切成丝，用清水冲一下，再用少量的盐腌软。

11. 挤去白萝卜丝里的水分后，将其堆成拱桥形，并用两刀拼凑夹紧成宽6厘米、高8厘米、厚4厘米的拱桥形。

12. 将做成拱桥形的萝卜丝和午餐肉放于盘中，将盖上萝卜丝的刀面修理整齐即可。

难点解析：

第一，午餐肉采用叠的手法，要求刀面紧凑、厚薄均匀、形似拱桥。

第二，萝卜丝要切得均匀，且不能腌得太软，并要求堆得松散但不凌乱。

第三，两个手法做的作品要求高度、宽度、厚度一致。

（二）三拼

定义：三拼就是将三种原料用同一种冷菜拼摆手法制作成立体圆面的拼摆手法。

特点：三种原料制作出来的立体圆面的高度一致，且均呈圆面弧形，制作要精细，三面均匀对等。

原料：白萝卜半根、胡萝卜2根、青萝卜1根。

制作手法：围。

选择盛器：10寸圆盘。

操作过程：

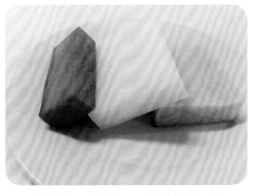

1. 取胡萝卜、白萝卜、青萝卜修成厚1.5
   厘米、宽6厘米的长方条，各取3块。

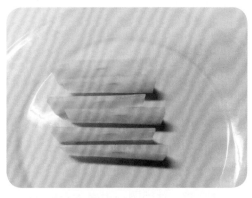

2. 将各种长方条切成斧头片，并将剩余部
   分切成长3厘米、宽1.5厘米的薄片。

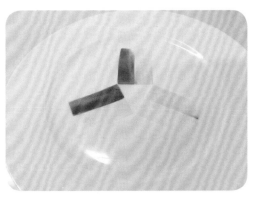

3. 以切好的斧头片打底，将整个盘子均匀
   分成三份。

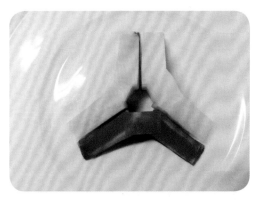

4. 打好的底的高度为3.5厘米左右，且每
   种原料角度为120度。

5. 将剩余的原料切薄片打好三拼基底，注意要打得饱满。

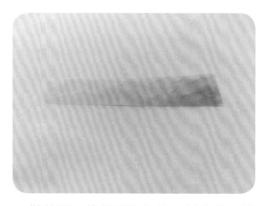

6. 做盖面：将前面取好的原料改成一端宽1厘米、另一端宽1.5厘米、长5.5厘米，以及一端宽1厘米、另一端宽1.5厘米、长4.5厘米的两块梯形料。

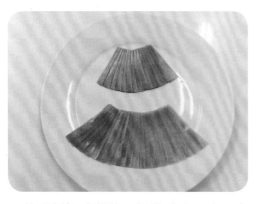

7. 将原料切成薄片，摆放成大、小两个弧形。

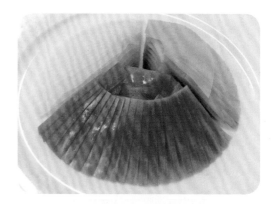

8. 将大弧形置于下部作为下盖面，下弧边贴住盘底，上盖面以同样的手法放于大弧形上面，修理刀面，使弧面整齐对匀。

9. 每瓣圆弧之间的空隙约为0.1厘米，且高度、弧度要保持一致。

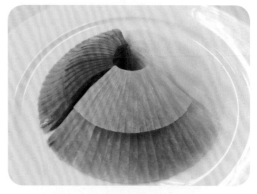

10. 做好的三拼要色彩分明，高度一致，弧度一致，刀面紧凑，外观精细。

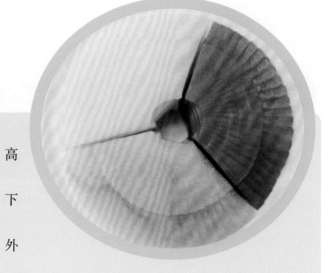

难点解析：

第一，双拼或三拼要求造型、高度要一致，手法相同。

第二，盖面要精细，上盖面、下盖面要连接有序。

第三，要正确把握好圆弧度，外圈和内圈排布要均匀。

第四，造型要饱满，色彩要分明。

（三）高三拼

高三拼

定义： 高三拼就是将三种原料用三种不同的冷菜拼摆手法制作成拱桥形的拼摆手法。

特点： 三种原料的制作高度一致，呈拱桥形，且制作要精细。

原料： 大黄瓜1根、午餐肉1罐、心里美1只。

制作手法： 围、叠、排。

选择盛器： 小腰盘。

操作过程：

1. 取1罐午餐肉，用叠的手法做成拱桥形。

2. 将心里美切成长3厘米、宽和高各0.8厘米的长方条。

3. 将黄瓜切成3个刀面，跳切蓑衣花刀。

4. 将切好后的黄瓜用刀轻轻拍开呈圆弧形。

5. 将切好蓑衣花刀的黄瓜按逆时针方向摆放于午餐肉旁边，要求黄瓜与午餐肉之间留有0.5厘米的空隙，且黄瓜的摆放宽度不得超过午餐肉的宽度（6厘米）。

6. 将切好的蓑衣花刀顺同一方向一层层码放上去，刀面慢慢变小，但不得脱节。

7. 将黄瓜围好后结顶，其高度与午餐肉保持一致。

8. 将切成条的心灵美有序排好，先直排再交叉斜排，要求对点衔接。

9. 最后将心里美长条也放成半圆弧形，最顶上的长条改刀成长约2厘米的长条，黄瓜和心里美的弧度对等。

难点解析：

第一，午餐肉要做得平整圆滑，其宽度保持在4厘米左右。

第二，黄瓜蓑衣花刀跳切要均匀，在放的时候要先放外侧一点再慢慢地一层层往里靠，均匀地斜放上去。

第三，切心里美的时候要注意规格，心里美条应切成3厘米长、0.8厘米见方左右的长方条，最上面或边上的几条心里美长约2厘米，排放心里美时要细致、头要对齐。

第四，整体要协调好，高度一样，宽度一样，这样才能整齐美观。

第四节　基础总盘制作实例

基础冷盘制作

定义：基础总盘是指运用冷菜的制作手法拼摆出相对称的几何总盘。

特点：要求刀工精细，拼摆均匀，图案对称，色彩搭配和谐。

菜例：

（1）什景总盘

什景总盘

1. 原料：白萝卜、青萝卜、胡萝卜、黄瓜。

2. 改刀成1.6厘米宽、13.5厘米长的长条，注意黄瓜要带皮。

3. 用A4纸做出模板，画出半径长16.5厘米、圆心角为45°的扇形。

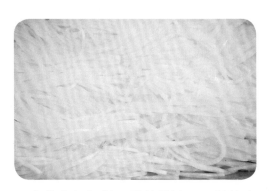

4. 白萝卜切细丝，用盐腌渍一下并挤去水分。

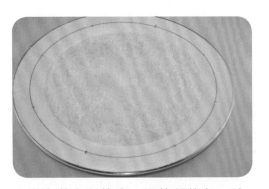

5. 以白萝卜丝垫底，要垫得均匀，注意中间要放少点、薄点，边上要垫得服帖。

6. 胡萝卜等原材料切好后吸干水分，整齐均匀地排在纸模上，注意要外略宽、内紧，弧度不能超出纸模。

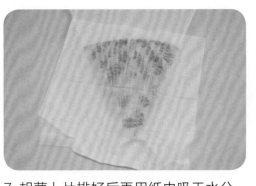

7. 胡萝卜片排好后再用纸巾吸干水分，然后放于盘内。

8. 另外的原料也以同样的方式排好。

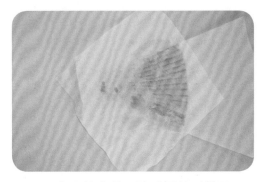

9. 吸干表面的水分，防止摆放时散开。

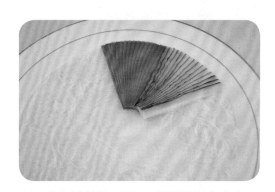

10. 片在排放的时候一定要紧扣中心点，边上不要超出总盘边上的线圈。

11. 依据上述操作方法摆好刀面，在检查是否摆放整齐时可用棉线拉开测量。

12. 在摆放原料时，要注意对称摆放。

13. 刀面摆好后，注意收口，要与第一个刀面相连接。中间要空，盘面要平整。

14. 黄瓜蒂头改刀，拉刀成圆片。

15. 将黄瓜圆片排开，围成一圈放在中心位置。

16. 总盘在制作过程中特别要注意细节，盘面不能出盘线。

17. 各种片间的连接要均匀、整齐。

18. 取备用白萝卜细丝，堆在总盘的中间，要堆得高、堆得细巧。最后，清理操作台面。

（2）荷花总盘

荷花总盘

1. 取长15厘米、宽5厘米、高2厘米的黄瓜条、胡萝卜条、白萝卜条。

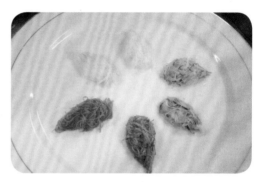

2. 多余的料切丝垫底。

3. 切好的片顺时针排好，改成柳叶形。

4. 用番茄做好莲花形状，白萝卜切细丝放在荷花上。

 第五节　**花色总盘制作**

花式冷盘制作

花色总盘就是指用各种熟料装配成花卉、虫、鸟、兽等生动活泼的形象或各种美丽的图案的冷盘菜。花色总盘既可食用，又可供欣赏，大多用于宴会、筵席。在制作上，其技术性和艺术性都较高，无论刀工和配色都必须事先考虑周到，才能制得形象逼真、色彩动人的花色总盘。

一、花色总盘拼摆的构图

构图是冷盘拼摆艺术的组织形式。冷菜在拼摆过程中，如果构图组成上不合理，就会显得杂乱无章或极不协调。处理好整体与局部的关系，才能使冷菜造型获得最佳艺术效果。冷盘拼摆的构图属于绘画构图的范畴，但不同于一般的绘画构图。它为了达到一定的食用目的需要选用可食用性烹饪原料，通过烹饪工艺制作来体现构图。因此，它受到食用性的制约，也受到原料的限制。冷菜拼摆的构图应具有一定的形式并有较强的韵律，应有规律、有秩序地安排和处理各种形象。掌握冷菜拼摆的构图规律要注意以下几点。

（一）构思

精心的构思是冷菜拼摆构图的基础，在构图过程中必须考虑内容与形式的统一。拼摆过程中要做到布局合理、结构完整、层次清晰、主次分明、虚实相间。

（二）主体

冷菜拼摆的构图要从整体出发，无论题材、内容、结构如何各异，都要主次分明，应使主体突出。制作时可用下列方法：①把主要题材放在显著的位置；②把主要题材表现得大些，刻画得细致一些，色彩更鲜明、更强烈一些。

（三）布局

布局要严谨，要气韵生动，具有较强的艺术感染力。

（四）骨架

骨架是冷菜拼摆的重要格式，它如同人体的骨架、花木的主干、建筑的梁柱，决定着冷菜拼摆的基本布局。

（五）虚实

任何冷菜拼摆都是由形象与空白组成的。空白也是构思的有机组成部分。中国绘画构图中讲究"见白当黑"，也就是说把虚当作实并使虚实相间。对于冷菜拼摆构图来说，巧妙的虚实处理是构图的关键之一。

（六）完整

冷菜的拼摆构图在表现内容上要求完整，避免残缺不全；在构图形式上要求统一；在结构上要求合理而有规律，不可松散零乱；在题材的外形上也要求完整，不能使创作意境中断。

二、花色总盘拼摆的形式和法则

一切美的内容必须以一定的美的形式表现出来，冷菜拼摆造型也不例外。冷菜拼摆的美应是美的形式和美的内容的统一体。美的形式是为表现美的内容服务的，美的内容必须通过美的形式表现出来。冷菜拼摆的美离不开形式美，因此，研究并掌握冷菜拼摆各种形式、因素的组合规律（即形式美法则），对于指导冷菜拼摆美的创造具有重要的实践意义。

（一）单纯一致

单纯一致又称整齐一律，这是最简单的形式美法则。单纯使人产生纯正的感受；一致是一种整齐的美。即使是最简单的冷菜拼摆，也要体现淡雅之情。

（二）对称均衡

对称与均衡是形式美的基本法则，也是冷菜拼摆求得重心稳定的两种基本结构形式。对称是以一个假想中心为基准，构成各对应部分的均等关系。对称是一种特殊的均衡形式，对称分为两种：轴对称和中心对称。

（三）调和对比

调和与对比，反映了矛盾的两种状态，两者是对立统一的关系。处理好调和与对比的关系，才能产生出优美动人的形象。

（四）尺度比例

尺度和比例是形式美的又一条基本法则。尺度是一种标准，是指造型整体及其各组成部分应有的度量值。

（五）节奏韵律

节奏是一种有规律的、周期性变化的运动形式，它是事物正常发展规律的体现，也符合人本能感觉需要。

（六）多样统一

多样和统一即和谐，是形式美法则中的高级形式，是对单纯一致、对称均衡、调和对比等其他法则的集中概括。多样统一是冷菜拼摆造型应具有的特征，并应在具体的冷菜造型中得到表现，它强调在变化中求统一，在统一中求变化。

三、花色总盘制作图解

（1）基础假山

📹 基础假山

1. 原料：白萝卜、黄瓜、胡萝卜、青萝卜、茭白、心里美、西兰花。

2. 假山圆片处理：胡萝卜、黄瓜、心里美、茭白、青萝卜去皮打成圆柱形。

3. 圆柱形材料切薄片：每种材料切成30片左右的薄片，撒上盐后再滴几滴水腌透。

4. 胡萝卜滚刀批成长薄片，用盐水腌透。青萝卜取皮切丝。

5. 各种萝卜长薄片放上各种颜色的原材料卷起来，做成萝卜卷。

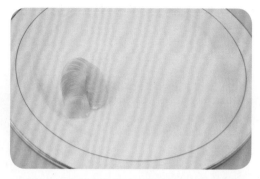

6. 各种原材料准备好后，开始放总盘。将腌制好的薄片吸干水分，依次排开，片与片之间的距离用肉眼看有明显的区分，片距不可过密或过疏。

7. 依据上面的要求，把各种薄圆形片整合出来，摆成山形。

8. 把萝卜卷改刀，放在总盘上，尽可能做到细致、紧凑、到位。

9. 放上过水后的西兰花，取青萝卜皮雕成小草，插到关键部位。整个假山制作完成。

（2）特色假山

　　长方盘假山和圆盘假山的制作多有不同，其结构也有区别。长方盘假山一般在左下角或右下角做得比较丰满，其余三个角则较空。

1. 将西火腿取成半圆形，并切成1厘米厚的薄片，按图推开。

2. 用小刀修去多余的围角。

3. 蛋白糕的改刀方法与西火腿的一样，并用手依次推开成凸形。

4. 采用同样的方法将改刀好的心里美放在西火腿上，并将黄瓜片排好盖在蛋白糕上。

5. 黄萝卜和胡萝卜切薄片依次排开，吸干水分后放上去。

6. 最后放上红肠、猪耳卷、盐水明虾和西兰花，再在缝隙处放上做好的萝卜卷和小草。

（3）华山日出

华山日出

1. 原料：白萝卜、黄瓜、胡萝卜、青萝卜、茭白、心里美、西兰花。

2. 假山圆片处理：胡萝卜、黄瓜、心里美、茭白、青萝卜去皮打成圆柱形。

3. 将各种原材料切成梯状，要求大小规格不一，这样做成的山峰才会有层峦叠嶂的感觉。

4. 把各种梯状原料修成圆头形状。

5. 胡萝卜滚刀批成长薄片，用盐水腌透。青萝卜取皮切丝。

6. 各种萝卜长薄片放上各种颜色的原材料卷起来，做成萝卜卷。

7. 各种原材料准备好后开始切片，然后均匀、整齐地放在盘子上，撒点盐、滴几滴水后腌渍。

8. 原料准备好后，先清理一下台面卫生，注意把腌渍好的原材料都吸干水分。取最大的一块原材料作为主峰，在制作过程中要注意，山峰的形状、片与片之间要排得紧凑。

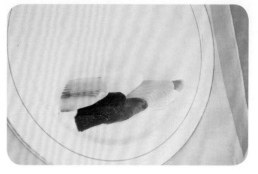

9. 依据上述要求，有序地做出另外的山峰。

10. 各种山峰大小要各异，颜色要搭配得当，角度和朝向要一致。

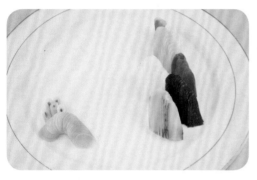

11. 山峰摆好后，开始做假山，此时要注意假山的密度与结构。

12. 各种片排放整齐有序，色彩搭配得当。

13. 底下圆片拼摆好后注意检查一下作品的分量和规格，若有超出盘线或者离盘线有很大的空余的情况出现，则应适当调整位置。

14. 在空隙处放上西兰花，遮住有缺陷的地方。在重要的位置放上刻好的小草，体现总盘的活力。

第三章

中式冷菜
拼摆工艺

131

15. 放上云线和太阳，使之符合主题，同时体现静态美。

16. 为完善总盘，在总盘的左上角放上远山，这样可使意境更深。

（4）海幽

1. 原料：白萝卜、黄瓜、胡萝卜、青萝卜、茭白、心里美、西兰花。

2. 假山圆片处理：胡萝卜、黄瓜、心里美、茭白、青萝卜去皮打成圆柱形。

3. 取好各种原材料的长方条，其规格为长8厘米、高1.2厘米左右。

4. 圆柱形材料切薄片：每种材料切成30片左右的薄片，撒上盐后再滴几滴水腌透。

5. 将长方条拉片，厚度为0.1厘米左右，每种材料拉20片。

6. 胡萝卜滚刀批成长薄片，用盐水腌透。青萝卜取皮切丝。

7. 各种萝卜长薄片放上各种颜色的原材料卷起来，做成萝卜卷。

8. 用青萝卜雕好装饰用的水草，并放入冷水里浸泡。

9. 澄粉加沸水烫透，揉成团。

10. 用澄粉面团捏出鱿鱼的大致形状，注意尾部要细些、略微翘起，整个鱼身呈扁平状。

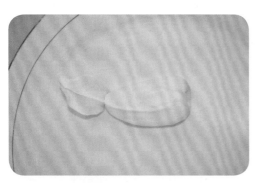

11. 用澄粉面团捏出尾巴，装在鱼身上。

12. 用澄粉面团捏出头部和须，在实际运用中应该用真实的鱿鱼头，鱿鱼头放入卤汁中卤成红色。

13. 将切好的长方片吸干水分后在餐巾纸上交叉、整齐排好，再放上一张餐巾纸吸干水分，然后将其翻个面。

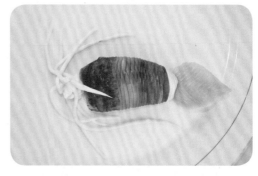

14. 将排好的长方片修好后裹在鱼身上并理匀，然后做上尾巴装好。

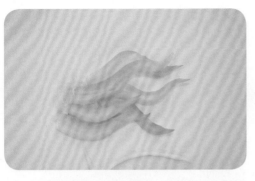

15. 水草底部垫一点澄粉，所有的圆形片有序排开后摆在水草的底部，要求整体结构定位准确。

16. 依据上面的要求，开始装假山，底下先垫澄粉或腌透挤干水分的萝卜丝，然后再放上水草。

17. 根据上述方法，有序地做出假山。

18. 把萝卜卷改刀，放在总盘上，尽可能做到细致、紧凑、到位。

19. 放上过水后的西兰花，取青萝卜皮雕成小草，插到关键部位。整个作品制作完成。

（5）金鱼

金玉满堂

金鱼

1. 用澄粉面团做出金鱼的粗坯，放盘子上试一下大小比例是否合适。

2. 雕出鱼鳍和金鱼头，装到金鱼身上，看一下头和身子的比例是否合适。

3. 用白萝卜雕出水草的底坯，水草呈波浪状。

4. 将准备好的墨鱼汁牛奶冻取成长水滴状，切成薄片备用。

5. 将切好的墨鱼汁牛奶冻排到金鱼尾巴上，要按顺序排好。

6. 将墨鱼汁牛奶冻取成圆形指甲片，备用，等指甲片改刀完毕后，再从尾部开始贴鱼鳞片，中间夹点墨鱼汁牛奶冻进去。

7. 芥蓝改刀成水滴状，切薄片拉刀，再按顺序推开放在水草上。

8. 放上切好的各色鱼茸卷，以及黄瓜片、红肠片，最后在缝隙处放上萝卜卷和小草。

（6）喇叭花

喇叭花

1. 将胡萝卜改刀成水滴状，采用拉刀技法拉成薄片，再用盐水腌渍，等胡萝卜水分渗出后，排成扇形，吸干水分。

2. 用手将排成扇形的胡萝卜片扭一下呈喇叭状，使片与片之间均匀有序。

3. 喇叭花排整修好后往外略翻，做出逼真的效果。

4. 将做好的喇叭花放在盘子的右上角，放上喇叭花的蒂头。

5. 最后放上准备好的藤条和蟋蟀，再在左下角放上用鱼茸卷做的假山即可。

（7）牡丹

🎬 花开富贵　　🎬 牡丹花

1. 将巧克力琼脂冻雕成树枝形，放于盘中待用。

2. 胡萝卜切成水滴状，用盐腌软后排成扇形花瓣，从里到外放上去。

3. 按上面的方法慢慢地做出花瓣，并做出花的层次感。

4. 用烫好的澄面雕出叶子的形状，再将烫熟的芥蓝改刀成水滴形，排放在澄面上。

5. 将枝干、花、叶子组合在一起，看一下是否合适。

6. 注意花、叶子的摆放位置与层次。

7. 用鱼茸卷和黄瓜做成假山。

8. 将假山制作完整，放上西兰花、萝卜卷和小草即可。

还可以利用心里美、胡萝卜和牛奶冻制作三色牡丹。

(8) 花篮

1. 原料：白萝卜、黄瓜、胡萝卜、青萝卜、茭白、心里美、南瓜。

2. 把各种原材料取成长水滴形，青萝卜和黄瓜都可带皮，青萝卜多取点。

3. 心里美切成半圆形，青萝卜略微带点绿皮取长条并切薄片。

4. 白萝卜滚刀批成长薄片，用盐水腌透。

5. 各种萝卜长薄片放上各种颜色的原材料卷起来，做成萝卜卷。

6. 各种取好形状的原材料采用拉刀法拉出薄片，要求厚薄均匀、排列整齐、次序不得混乱。用盐腌透原材料，注意黄瓜不要腌渍。

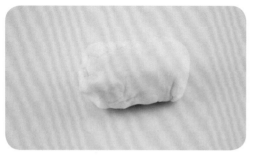

7. 澄粉与生粉按照3：1比例混合，然后用沸水烫熟，揉成团。

8. 将心里美等取好形状的原材料拉出薄片。

9. 青萝卜拉出细片，用盐腌透。

10. 黄瓜拉好薄片，注意不要用盐腌渍，待用。

11. 用澄面打好底坯，再将青萝卜细片盖上去。

12. 用心里美做成花篮边，放上黄瓜做成的把手，再放上篮底。

13. 将长水滴形的南瓜切成薄片，吸干水分，均匀排成扇形。

14. 先做大的牡丹花，一层层做上去，注意花底下要先用澄面垫底。

15. 将准备好的材料做成各种花，待用。

16. 把准备好的花放上去，尽可能放得饱满。

17. 放上蒜苗、蝴蝶兰，整个总盘制作完成。

课堂示教作品

（9）荷塘月色

荷塘月色

荷叶

1. 原料：白萝卜、黄瓜、胡萝卜、青萝卜、茭白、心里美、西兰花。

2. 假山圆片处理：胡萝卜、黄瓜、心里美、茭白、青萝卜去皮打成圆柱形。

3. 把各种原材料取成长水滴形，青萝卜和黄瓜都可带皮，青萝卜多取点。

4. 胡萝卜滚刀批成长薄片，用盐水腌透。青萝卜取皮切丝。

5. 各种萝卜长薄片放上各种颜色的原材料卷起来，做成萝卜卷。

6. 各种取好形状的原材料采用拉刀法拉出薄片，要求厚薄均匀、排列整齐、次序不得混乱。用盐腌透原材料，注意黄瓜不要腌渍。

7. 将长水滴形原材料打薄片，并用盐腌透，然后吸干水分。

8. 刻好小草和其他装饰物。

9. 将盘子清洗干净，擦干水，放一点澄粉面团进行打底。

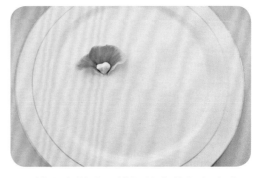

10. 放上在墩头上排好的青萝卜水滴叶，要求外大里小，中间放点澄粉面团，以支撑另半张荷叶。

11. 做好整张荷叶，要求状似喇叭、叶面有起伏感。

12. 在做好的青色荷叶旁边垫点澄粉面团，将吸干水分的原材料均匀地放上去。

13. 在墩头上用同样的手法做好另外半张多彩荷叶，吸干水分后，两头对接放在盘中。

14. 放上刻好的小石头，待圆片吸干水分后有序地做出假山。

15. 沿着盘线完成底下的假山的拼摆。

16. 在细微处放上改刀过的萝卜卷。

17. 放上装饰物品。

18. 最后放上水波纹和小草，
　　使其能更好地体现主题。

难点解析：
　　这是一道半立体的冷盘，要体现出它的动感，又不能让荷叶倒下，这对刀工和拼摆技巧有较高的要求，所以同学们要勤奋练习，掌握技巧，争取做得更细致、更有韵味。

课堂示教作品

🎥 荷塘月色（示教）

（10）夏荷

1. 荷花花瓣的处理：荷花花瓣由牛奶冻制作而成，将牛奶冻取成两头尖的形状，将细尖头放在大红浙醋里浸泡上色后，拉薄片，待用。

2. 将拉好的薄片排开，做成荷花花瓣。

3. 用青萝卜刻出荷花底座，将荷花花瓣从里到外放上去。

4. 放好的荷花花瓣层次清晰，大小均匀，造型逼真。

5. 刻出荷叶和含苞待放的荷花。

6. 做出假山，最后放上小草和萝卜卷即可。

课堂示教作品

(11) 芭蕉风情

芭蕉风情

芭蕉叶

1. 原料：白萝卜、黄瓜、胡萝卜、青萝卜、茭白、心里美、西兰花。

2. 假山圆片处理：胡萝卜、黄瓜、心里美、茭白、青萝卜去皮打成圆柱形。

3. 把各种原材料取成长水滴形，青萝卜和黄瓜都可带皮，青萝卜多取点。

4. 胡萝卜滚刀批成长薄片，用盐水腌透。青萝卜取皮切丝。

5. 各种萝卜长薄片放上各种颜色的原材料卷起来，做成萝卜卷。

6. 各种取好形状的原材料采用拉刀法拉出薄片，要求厚薄均匀、排列整齐、次序不得混乱。用盐腌透原材料，注意黄瓜不要腌渍。

7. 将长水滴形原材料打薄片，并用盐腌透，然后吸干水分。

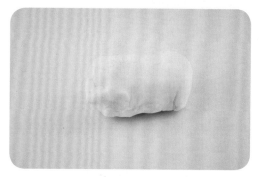

8. 澄粉与生粉按照3：1比例混合，然后用沸水烫熟，揉成团。

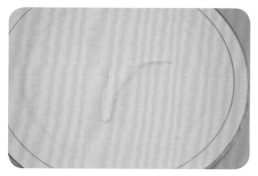

9. 取一小部分澄粉面团打底，打成细的长叶形。

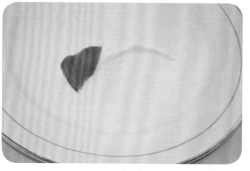

10. 切好的薄片吸干水分，从尾部开始有序地向头部排列放置过去。

11. 各种颜色要错开，注意要处理好不同色彩间的连接处，叶子要有高低起伏，不能太死板。

12. 底下的叶子要做得细长，且要有一定的弧度，这样上面的叶子才能站得稳。

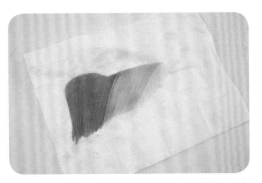

13. 另外半张叶子放在纸巾上摆放，这样可以吸干原料的水分，使其能站得更稳。

14. 同样的，上面的叶子也要放得细长，颜色要和底下一样。

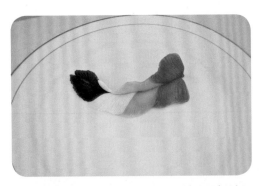

15. 把在纸巾上摆好的半张叶子贴到已做好的叶子上，要求长短一样、颜色对称。

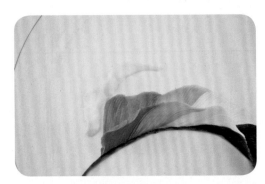

16. 在大的芭蕉附近再打好一个小芭蕉叶的底坯，底坯要有起伏感。

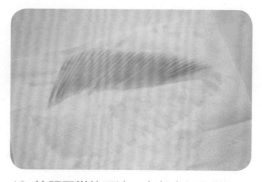

17. 将青萝卜薄片吸干水分后直接放到小芭蕉叶的底坯上去。

18. 按照同样的手法，在餐巾纸上做出另半张叶子。

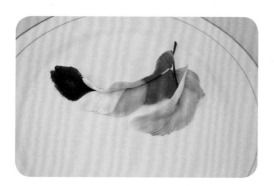

19. 将摆好的半张叶子放到盘中，放时要小心，以免断裂或散开。

20. 放上雕好的小石头，圆片吸干水后有序地排放上去，排放时要有层次。

21. 放上萝卜卷、西兰花和装饰的小草，将整个总盘倒放欣赏。

难点解析：

　　刀要快，动工要精心，材料要腌透，水分要吸干，拼摆的时候一定要用餐巾纸，且讲究弧度。

课堂示教作品

彩蝶双飞

（12）彩蝶双飞

蝴蝶

1. 原料：白萝卜、黄瓜、胡萝卜、青萝卜、茭白、心里美、西兰花。

2. 假山圆片处理：胡萝卜、黄瓜、心里美、茭白、青萝卜去皮打成圆柱形。

3. 把各种原材料取成长水滴形，青萝卜和黄瓜都可带皮，青萝卜多取点。

4. 胡萝卜滚刀批成长薄片，用盐水腌透。青萝卜取皮切丝。

5. 各种萝卜长薄片放上各种颜色的原材料卷起来，做成萝卜卷。

6. 各种取好形状的原材料采用拉刀法拉出薄片，要求厚薄均匀、排列整齐、次序不得混乱。用盐腌透原材料，注意黄瓜不要腌渍。

第三章

中式冷菜
拼摆工艺

7. 将长水滴形原材料打薄片，并用盐腌透，
　 然后吸干水分。

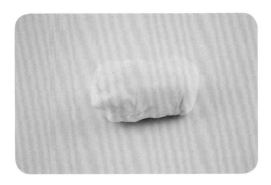

8. 澄粉与生粉按照3：1比例混合，然后
　 用沸水烫熟，揉成团。

9. 做蝴蝶平面造型时要注意，蝴蝶的翅
　 膀大、身子小，翅膀应略微凹进去。

10. 做蝴蝶底坯造型时特别要注意比例
　　 和形状。

11. 做蝴蝶侧面造型时要注意，上面的翅
　　 膀要比下面的大，两个翅膀要在身子
　　 的同一部位。

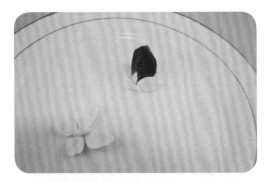

12. 将各种原材料吸干水分后，均匀排成
　　 扇形，然后贴附在蝴蝶底坯上。

13. 同样的，将第二种原料也均匀排开贴放上去，注意第二层和第一层距离比较大，第二层的最宽处是整个翅膀的一半。

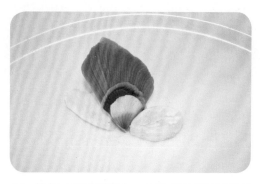

14. 依据上面的摆法，依次摆出第三层和第四层。

15. 以同样的方法和顺序摆出底下的翅膀。

16. 翅膀摆好后开始摆尾翅，尾翅的颜色种类可以少一种，然后再摆出身子，身子要小。

17. 以相同的手法摆放平面的蝴蝶，注意颜色的变换。

18. 摆放平面的蝴蝶时要特别注意形状的对称，身子要放在翅膀的正中间。

19. 放上刻好的尾须，摆好假山。

20. 制作假山时要注意色彩的搭配和形状
的整理，最后用西兰花和萝卜卷、小
草点缀总盘。

课堂示教作品

（13）竹笋

1. 原料：白萝卜、黄瓜、胡萝卜、青萝卜、茭白、心里美、西兰花。

2. 假山圆片处理：胡萝卜、黄瓜、心里美、茭白、青萝卜去皮打成圆柱形。

3. 把各种原材料取成长水滴形，青萝卜和黄瓜都可带皮，青萝卜多取点。

4. 胡萝卜滚刀批成长薄片，用盐水腌透。青萝卜取皮切丝。

5. 各种萝卜长薄片放上各种颜色的原材料卷起来，做成萝卜卷。

6. 各种取好形状的原材料采用拉刀法拉出薄片，要求厚薄均匀、排列整齐、次序不得混乱。用盐腌透原材料，注意黄瓜不要腌渍。

7. 将长水滴形原材料打薄片，并用盐腌透，然后吸干水分。

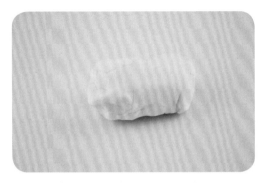

8. 澄粉与生粉按照3：1比例混合，然后用沸水烫熟，揉成团。

9. 雕好小石头和小草，备用。

10. 用黄瓜雕好竹子，刻好竹竿和竹叶，设计好总盘的布局，做出竹子的缩影。

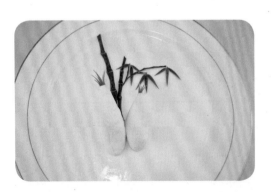

11. 用澄粉面团捏好笋的底坯，注意底坯要瘦点，放于竹子的正下方。

12. 吸干各种材料的水滴形薄片的水，尖头对齐，排成扇形。

13. 将排好的片有层次地放在底坯上，色彩错开，裹紧，尖头略微翘起。

14. 将大、小两个笋都贴好，做得尽可能细致一些。

15. 各种圆片吸干水分后，摆成假山形。

16. 开始放笋底下的假山，先放小石头，再放圆片的假山。

17. 按照上面的摆法，有序地放好底部，再放上西兰花和小草，作品完成。

难点解析：

这个作品的难点在于笋的制作，要把笋生长的活力用食物表现出来，这就需要同学们有扎实的基本功，底坯要做得好，另外拉的片要薄、要均匀、要腌透并吸干水分。同学们在操作时一定要掌握制作的要点，才能做出更好的作品。

（14）春笋

1. 用烫熟的澄粉面团做出笋的毛坯，最好是一大一小搭配。

2. 将小黄瓜、心里美、茭白、胡萝卜修成水滴形，然后拉成薄片，排成扇形。

3. 用茭白、小黄瓜、心里美、胡萝卜片做出笋的层次感。

4. 在做笋刀面的时候，一定要吸干刀面上的水分，面要做得服帖。

5. 做出假山，放上萝卜卷、小草、西
兰花即可。

（15）秋实

🎥 实操：南瓜

1. 用烫熟的澄粉面团雕出小南瓜和叶子
的底坯，并用胡萝卜雕出南瓜藤。

2. 取胡萝卜修出两头尖的薄片，再拉片。

3. 同样的，心里美也拉出薄片，并用盐
腌透。

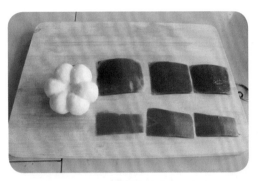

4. 将胡萝卜片有序排好，吸干水分。

5. 将心里美片放到南瓜的凸出部位，两
头压实。

6. 将心里美片两头收尖，使其更服帖。

7. 以同样的手法做出整个南瓜刀面，放
上瓜藤。

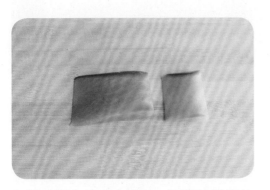

8. 取青萝卜修成水滴状，打薄片后用盐
   腌渍。

9. 将腌透后的青萝卜片排成叶子的形状，
   片与片之间要紧凑、均匀。

10. 将做好的南瓜、叶子放于盘中，调
    整好位置。

11. 装上南瓜藤和小花，放上雕好的蟋蟀。

12. 用鱼茸卷等材料做出假山，放上萝卜卷。

13. 最后放上小草和西兰花，总盘制作完成。

课堂示教作品

南瓜、叶子的制作

鸳鸯戏水

（16）鸳鸯戏水

🎬 鸳鸯戏水

🎬 实操：鸳鸯

1. 准备荷叶材料：胡萝卜、茭白、心里美、青萝卜、莴笋切水滴薄片。

2. 准备假山原料：黄瓜、心里美、胡萝卜、莴笋切片，雕好小草，西兰花烫熟，明虾烫熟后再剥壳。

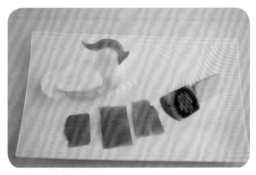

3. 用烫熟的澄粉面团捏出鸳鸯造型，胡萝卜、心里美、青萝卜拉薄片，并放上鸳鸯冠。

4. 将青萝卜片放在鸳鸯尾部，胡萝卜片从尾部开始贴满鸳鸯底坯。

5. 用心里美片贴在翅膀处，用茭白片贴在脖子处，放上眼睛。

6. 将切好并腌透的圆片有序地排好，做成假山。

7. 放上虾仁、西兰花和小草。

8. 放好荷叶和鸳鸯。

9. 最后放好水波纹和莲蓬头。

课堂示教作品

（17）啄食

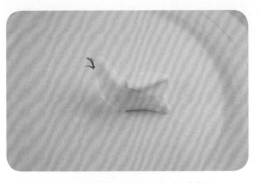

1. 用烫熟的澄粉面团雕出鸟的底坯。

2. 用青萝卜雕出鸟的尾巴，并插入尾部。

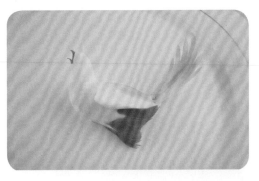

3. 用胡萝卜拉出薄片，从尾部开始贴羽毛。

4. 用青萝卜皮贴好肚子。

5. 用胡萝卜片贴满全身的羽毛，用心里美片、茭白片、胡萝卜片贴出翅膀。

6. 将仿真眼装在鸟的头部。

7. 做好假山，最后成型。

（18）锦绣前程

1. 用西火腿雕出锦鸡的底坯。

2. 用巧克力琼脂冻雕出锦鸡的尾巴，放在合适位置。

3. 雕出锦鸡的头和爪子。

4. 将冬笋、心里美、胡萝卜取出尖头薄片，再拉出薄片，排齐备用。

5. 将备好的冬笋片、胡萝卜片、心里美片排在锦鸡身上，注意颜色搭配和角度摆放。

6. 放上翅膀，注意大翅、中翅、小羽要表达清楚。

7. 用做好的鱼茸卷摆出背羽。

8. 用心里美片贴在锦鸡的颈部，放上锦鸡头。

9. 放上雕好的爪子和用西火腿雕好的假山。

10. 将鱼茸卷切成薄片，有序排齐。

11. 用切好的鱼茸卷、西火腿、猪耳朵卷、红肠、明虾摆出假山，最后放上西兰花和小草。

（19）母爱

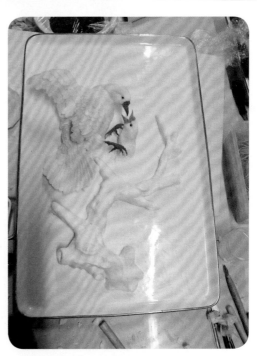

1. 以做鸟类的手法先雕出底坯，再放上羽毛、爪子和头。

2. 用烫熟的澄粉面团做出树枝的形状。

3. 将烤鸭皮贴到树枝的底座上，用蛋黄丝
   做出鸟巢，再做出假山，使总盘完整。

（20）白鹭

1. 用烫熟的澄粉面团雕出白鹭的底坯，用蟹壳做出翅膀，用可可冻做出尾羽。

2. 用牛奶冻做出翅膀及羽毛，从尾部排列至前部。

3. 雕出白鹭的头和爪子，装在白鹭身上。

4. 将芥蓝烫熟，冷透，修成水滴状，拉薄片做出荷叶。

5. 放上荷花和叶柄。

6. 用青萝卜皮雕出水波纹，放在白鹭的爪子前。

7. 用鱼茸卷、虾仁、黄瓜、红肠做出假山，放上西兰花、萝卜和小草，使总盘完整。

第六节　比赛作品赏析

一、植物类

用蛋黄糕做的牡丹花

用心里美、胡萝卜做的月季花

用胡萝卜做的喇叭花

用蛋白糕做的百合花

用鱼茸卷做的菊花

用蛋白糕做的马蹄莲

用牛奶冻做的蝴蝶兰花

用各种蔬果做的花篮

苍松迎客

由各类蔬菜、水果制作而成

二、抽象类

江南忆

地图

玉梅楼

名园一号

三、寓意类

一帆风顺

双喜临门

四、动物类

公鸡起舞

孔雀开屏

钱塘斗鸡

大鹏展翅

雄鹰高飞

金玉满堂

斗蟹

龙啸九天

五、其他

北京2008

江南水乡

中国风

脸谱

习题与实训

1. 冷菜拼摆制作过程中有哪些具体要求?
2. 切刀法具体有哪几种? 切制作过程中应注意哪些具体事项?
3. 冷菜拼摆的具体操作步骤有哪些?
4. 如何有效地学习冷菜制作的六种手法?
5. 高三拼的制作标准和关键是哪些?
6. 谈谈花色总盘制作的心得。
7. 分析在制作花色总盘过程中如何有效地运用拉刀技法。

 第三章练习题

Chapter 4
第四章
现代冷菜、
冷盘的创新应用

学习
目标

1. 懂得冷菜、冷盘的创新原则。

2. 懂得冷菜、冷盘创新开发的思路和方法。

3. 熟悉大型宴会冷盘的设计与组织。

4. 掌握常规冷菜创业产品组合分析与促销策略。

5. 理解宴席冷盘的设计原则，并会根据这些原则来指导冷盘的制作。

6. 掌握刺身的品种和酱汁的搭配方法。

第一节　冷菜、冷盘创新

冷菜、冷盘创新

一、明确冷菜、冷盘创新的方向与原则

　　冷菜、冷盘的创新就是根据冷菜、冷盘制作的一般规律，在原料选择与运用、烹调方法、味汁味型、装盘技法、盛器选用等方面超越前人做法，使产品更加符合现代人的需求。冷菜、冷盘的创新不但符合社会经济发展的需要，而且是冷菜、冷盘制作技术自身发展的必然之路，只有通过改革、创新，才能使冷菜、冷盘这朵鲜艳的奇葩在烹调百花园中永放光彩。

（一）明确冷菜、冷盘的创新方法

　　冷菜、冷盘的创新也属于产品研发的范畴，首先应该明确正确的方向、目的，再采用科学、行之有效的策略技巧，遵循科学严谨的制作步骤，才会卓有成效。同时，冷菜、冷盘的创新还应该以符合社会公德、丰富消费者产品选择、提高人民健康水平为前提，进行积极有益的尝试。

　　冷菜、冷盘的创新，其目的是激发顾客的购买欲望、引导顾客的需求、满足顾客的需要。随着社会文明的进步和经济的不断发展，以及人们生活水平的日益提高，人们越来越注重改善饮食结构，追求食用和营养价值，同时人们的审美意识也在日益提高，对美的追求与日俱增，餐饮顾客的需求也在不断地发生变化。早期人们追求的是温饱，要求菜肴分量足、实惠，所以由大鱼、大肉制作而成的冷菜很受欢迎。后来人们的生活水平提高了，当接受过高等教育的年轻白领成为餐饮市场上的"新贵"后，当有毒食品风暴不断呼啸而过后，人们开始反思人与自然的关系。当前颇具有号召力的口号是"吃出安全，吃出健康"，人们还提出了"绿色环保""低碳生活"等消费理念。然而，当今冷菜制作的现状却没能适应这种变化，主要表现在以下三个方面：一是有些传统菜肴不能适应现代营养科学的要求，且有濒临失传的危险；二是在各种宴席上冷菜、冷盘数量显得太多，大大超出客人的营养需求量；三是有些冷盘造型过于烦琐，既不符合当今快节奏的时代需要，也不符合现代饮食卫生的要求。

　　以上这些反映了冷菜、冷盘面临着如何适应时代变化的问题。因此，冷菜工作者必须在继承、发扬以及振兴中国传统冷菜的基础上，不断关注、研究低脂肪、低盐、低糖、低味精的创新冷菜，把握市场需求方向，使用更多的绿色食品原料、有机食品原料进行创新。

（二）遵循冷菜、冷盘的创新原则

随着社会消费者的需要，创新冷菜、冷盘在各地餐饮企业中发展迅速，相当一部分企业通过创新冷菜获得了较好的经济效益，但也有不少企业的创新菜肴存在不合理的现象，理解以下创新原则，可能会让创新变得比较轻松且比较容易成功。

1. 继承传统与改良相结合

传统的冷菜是我国烹饪文化的瑰宝，凝聚着历代厨师的智慧和创造力，是一个地方经济、物产、喜好的综合积淀。这些菜大多有出处、有典故、有内涵，如杭州糯米藕、平湖糟蛋、绍兴茴香豆、宁波老板娘黄鱼鲞等。传统冷菜大多选料精细、制作考究、注重火候、强调质感。分析好这些冷菜产生、发展的过程及其兴衰的原因，掌握其制作程序和工艺特色，对冷菜、冷盘的借鉴与创新都有不可忽视的作用。充分把握传统冷菜的"讲究"，创新也会有"神韵"；同样，厨师有了传统菜的功底，在进行创新时也会更有把握。在继承、挖掘传统菜的同时，要适应时代要求，善于吸取传统菜的优秀部分并进行改良，尤其在原料的运用、烹调方法的改进、调味品的使用等方面应当打破常规，不断改良，大胆创新。例如，水晶肴蹄是我国传统名菜，根据其制作原理，人们制作出了水晶鹅肝、水晶羔羊等。

2. 循序渐进与苦练基本功相结合

创新不是变魔术，也不是无中生有，创新菜也不是重大发明。菜肴创新很难像发明蒸汽机那样，创造出具有跨时代意义的奇迹。如果把创新菜肴想得神乎其神，那么只能使厨师望而生畏，不敢或不愿意创新。当然，创新也绝不是毫不费力的差事，胡乱搭配也不可能被市场认可。创新是有规律可循的，一般是将原料、调味品以及烹调方法等重新组合；或根据顾客的要求，借鉴某些菜品，进行修改、添加、拆分、组合；或在生产制作工艺上形成新的方法，进而做出新的菜品；等等。创新就是在传统基础上的发展、改革，如果对一般的冷菜、冷盘的制作方法和原理都不了解，又不去分析、鉴别其优劣，那么就很难在技术上有所突破，更谈不上什么创新。人们需要在工作中不断学习，做到多想、多看、多练、多问，反复实验，不断总结，苦练基本功，才能达到"从心所欲不逾矩"的水准，使创新的菜品符合时代发展的需求，创造出受欢迎的菜品。

3. 必须以市场需求为目标

创新是为了满足消费者的需求，菜品要随着市场潮流而变动，但这并不意味着每时每刻都要变化。高节奏、快频率地推出新菜品，大面积地调整菜单，反而可能让客人无所适从。每天都有变化、每天都有新菜，并不是创新的目标，创新菜品是为了让顾客了解、把握餐饮企业的经营风格、特点，发现、记住其与同类餐馆的区别。

创新不能故弄玄虚，必须从市场出发，研究消费者的价值取向、消费观念的变化趋势，从而设计、引导消费，但总体应朝消费者感兴趣的方向走。明白这个道理，就会形成有条理的创新机构。例如，现代人讲究平衡膳食，因此在列宴席菜单时，冷菜就不能以荤菜为主，而要做到荤素合理搭配。

4.科学地运用中外先进制作技艺

随着改革开放的深入，国际交往频繁，人们进入了"地球村"时代。近几年人们的购买力日益增强，过去从未有过的新食材、新厨艺、新口味纷纷进入人们的视野，如西式沙拉、韩国泡菜、日本寿司等。

正是这种物质的大交流、信息的大交换、思想的大碰撞，带来了观念的大转变、眼界的大开阔。未来"混血冷菜"的趋势必然是继续走"合资"道路，但本地口味依然"控股"，依然是消费的主流。我国冷菜的制作有几千年的历史，各大菜系都有其特色的冷菜制作方法，人们应当在继承传统制作技艺的基础上，吸取各大菜系的优点，大胆改革，同时还要吸取国外冷菜制作技艺的精华（如各种调味品应用和各种西餐设备的应用等）来改变冷菜、冷盘制作的模式，从而达到创新的目的。要使外来饮食文化真正符合我国消费者的需求，就应充分使我国冷菜、冷盘制作的优秀技艺与外来饮食文化相结合，形成自己的烹饪文化，这样才能真正创造出符合国人需求的优秀菜品，才能推陈出新，给食客一种新、奇、特的感觉。

二、找准冷菜、冷盘的创新思路

（一）原料创新

市场上每年都会有新的原料出现，这些新原料可以带出一批新菜肴。原料创新，就是通过正规、安全、可靠的渠道获取新的原料，并将其制作成具有新意的菜肴。原料创新可以从以下几个方面考虑。

1.西料中用

西料中用就是把西餐原料运用到中餐冷菜制作中来，这对增加冷菜、冷盘品种，适应市场需求，是一条不可舍去的途径。随着我国加入世贸组织后，西方的烹调原料如荷兰豆、西兰花、澳洲龙虾等大量涌入我国，调味品中的西式香料，各种调味酱如番茄酱、咖喱酱、沙嗲酱等也被广泛应用到中餐中，只要认真研究西餐的一些制作方法，完全可以做到"他山之石"为我所用。人们在保持我国传统冷菜制作精髓的基础上，通过不断挖掘，不断丰富冷菜品种。

2.土料洋用

土料洋用就是将乡土气息浓郁的原料制作成精细菜肴，如南瓜、山芋等通过烹调方法、组合手段、造型方式等方面的变化，可以营造出不一样的口感。家常土菜中融合高档菜肴的口味，让食客有似曾相识的感觉，在离开后仍念念不忘。

（二）技法创新

根据烹饪原理及成菜特点，在我国传统烹饪技法的基础上，打破面点、冷菜、热菜等泾渭分明的固定格局，积极改良组合，通过借鉴、联想等方法制作出新的菜肴。具体技法可从以下几个方面考虑。

1. 巧妙借鉴

借鉴法就是将某一菜系或几个菜系中较成功的技法、调味方法、装盘技巧等应用到某一个冷菜、冷盘中的一种方法。例如，鱼香素烧鸡这一冷菜是按素烧鸡的制法，加上四川菜系"鱼香"味创新而成的，它改变了过去素烧鸡口味单一的现象。这种借鉴其他菜系的做法，使其在原料、制法、调味、装盘等方面兼容各家长处，促进了技术进步和新品种的开发，无疑是一条好途径。

2. 发散联想

对某一菜肴的制法及装盘等方法，有意识地改变思维的定式，对已有的原料、烹调方法、装盘方式等从新的角度去设想，从而获得独特、新颖的效果。

3. 形象捕捉

捕捉法就是直接从自然世界中吸取"营养"而获得冷菜、冷盘制作的灵感，如创造花色拼盘时，要对各种生物、景物的结构、形态或功能特征进行认真观察，加以必要的扩张、缩影等手法，从而达到"不似自然，而胜似自然"的艺术效果。如花色拼盘中常见的孔雀开屏、雄鹰展翅、百花争艳等作品就是从大自然中捕捉创造出来的。

（三）口味创新

无论多么好吃的菜肴，如果多年一成不变，也会逐渐走向没落。所以，应不断调整、丰富冷菜口味，不断对调料品种、用量进行改良，这是创新菜肴最简单也最常用的方法。

1. 西味中烹

将西餐烹饪中使用的调味料、调味汁或调味方法用于中式冷菜，这类中西合璧的冷菜是当今冷菜创新的一个流行思路。其成品既有传统中式冷菜之情趣，又有西餐菜点风格的别致，既丰富了冷菜的口味特色，又丰富了冷菜的质感造型，如沙拉海鲜卷、芥炝木耳花等。

2. 水果菜烹

将水果、果汁用于冷菜的主料、辅料或调味料中。近几年来，这种运用水果、果汁制作菜肴之风愈来愈流行。新鲜水果酱、水果汁营养丰富，果香浓郁，清新爽口，在宴会中如果穿插1~2道水果或果汁冷菜将是一种非常好的选择，如橙味黄瓜等。

（四）组合创新

一份美味可口的冷菜，如在装盘的方法以及盛器和菜肴的组合上进行调整，运用合理而得当的装饰手法，同样可以使其具有新视觉感受、新质感。具体方法有以下两种。

1. 盛器变化

在冷菜拼装时，不能只局限于用陶瓷作盛器，可根据冷菜自身特点，用由玻璃、镜子、竹子、大理石、贝壳、面粉、巧克力等制成的盛器，或将各种水果的外壳等做成盛器来装盛冷菜，这种不拘一格的装盘方法，会使冷菜、冷盘的菜肴特色更为突出，如烧

鸭、烧鹌鹑等可以考虑选用不同的盛器进行装盘。

2. 搭配多变

冷菜的制作方法与热菜、点心的制作方法有机结合是冷菜制作的又一风格，是一条冷菜创新之路。热菜和冷菜除在特点上有所差别外，在调味品、烹调方法上也可互相借鉴。例如，冷菜中的小葱拌豆腐可借用热菜麻婆豆腐的调料拌入豆腐，从而创新出麻婆拌豆腐。又如，鱼松本是一道冷菜，但很碎小，食用不方便，因此可将鱼松摊在油酥皮上卷好，下油煎制，再改刀成块。这种将冷菜制作特点与热菜、点心制作方法相结合的方式，对开拓冷菜新品种、优化菜肴组合，无疑是具有深远意义的。

（五）改革创新

1. 数量上的改革与创新

习惯上，传统宴席冷菜的数量为8~12道，有的高规格的宴席还需设计花色拼盘、10个围碟、4个干果、4种调味等，讲究气派。这种按照传统习惯来安排冷菜制作的做法，常导致客人暴饮暴食，不仅有损健康，而且会造成食物资源浪费。这样的做法是不可取的，我们应当彻底改变这种现象，提倡冷菜数量控制在4~6个围碟或实行每客装盘制，讲究节约，去繁求简，不尚虚华，把好质量关，吸收国外宴席之精华。

2. 造型上的改革与创新

有的宴会冷菜、冷盘过分追求造型，一个花色拼盘从准备到制作完成要花几个小时。如果档次高的宴席，所有冷菜都以花色拼盘展示，那么这种制作复杂、费工费时的冷菜，一旦处理不当，就会给客人留下中看不中吃、华而不实的印象。人们必须改变冷菜、冷盘制作中过分讲究艺术性而忽视可食性的做法，创造出既有观赏性又有食用性的艺术拼盘。

3. 营养搭配的改革与创新

我国传统宴席比较追求原料的名贵，崇尚奢华宴席，荤食较多，这种不注重营养平衡的安排往往影响人正常的消化、吸收和新陈代谢，长期下去易导致高血压、冠心病等。因此，要改变这种状况，就要提倡荤素搭配合理、营养趋向平衡，做到低糖、低脂肪、低盐和高纤维、高维生素、高蛋白，这种"三低""三高"的饮食结构更有利于人体健康。同时，要不断开发新品种，如"乡土菜"中野菜的广泛应用，有利于宴席菜肴结构的创新。

4. 饮食方式上的改革与创新

我国传统的宴席饮食方式为集体用餐制，从卫生角度来看，这种用餐形式容易交叉感染疾病，是一种不良的进食习惯，必须加以改革。我们提倡冷菜采用"单上式"形式，即把几样冷菜装在一个盘内，略做造型，每人一份，这样既有利于食用，又有利于卫生；也可实行"分食式"或"自选式"等形式。这样的上菜方式既高雅又卫生，是一种发展趋势。

5. 菜肴组配上的改革与创新

随着我国改革开放的深入，来中国旅游、工作的外国人越来越多，为了适应中外宾客的饮食习惯，我们应当在体现中国烹饪特色的基础上，吸收国外宴席之精华。在菜肴组配上，可选用一些国外的原料；在调料和烹调方法上，改良我国传统的部分菜肴，使宴席菜肴更有变化性和吸引性，使菜肴风味、装盘艺术互相穿插、融为一体，为中国宴席改革与创新走出又一条道路。

三、科学设计新冷菜、冷盘的开发程序

开发受大众欢迎的新菜肴，是企业在激烈市场竞争中获胜的法宝。一个优质的冷菜、冷盘的开发程序包括收集创意、遴选创意、孵化创意和关注试销四个阶段。

（一）收集创意

冷菜、冷盘创新品种的开发首先是从寻求、收集创意开始的。创意是传统的叛逆，是打破常规的哲学，是破旧立新的创造与毁灭的循环，是思维碰撞、智慧对接。简而言之，创意就是具有新颖性和创造性的想法。虽然并不是所有的创意都可以变成新的菜肴，但寻求、收集尽可能多的创意思路与设想却可为开发冷菜、冷盘创新品种提供更多的选择。因此，所有冷菜、冷盘创新品种的产生都是通过收集创意思路与设想开始的。

（二）遴选创意

遴选创意就是对第一阶段收集到的思路与设想进行筛选，首先考虑的是生产价值，即该创意冷菜有无生产制作的必要。有些冷菜过于简单、省事，不需要过多的厨艺就可以完成，如在酱油里放一块豆腐，用筷子捣烂即可食用等；有些只是原料组合或菜肴名称有点新意，这些菜肴在餐饮企业中就没有什么生产价值。其次，要看是否有推广价值，即是否适宜较大规模地推广生产。有些冷菜过于精细、烦琐，有些冷菜仅仅有观赏价值，有些冷菜需要相当复杂的技艺才可完成，这些都不具有推广价值。最后，还应关注其经济价值，即看其盈利空间。如果一些原料成本较高，制作成冷菜后虽然有一定的新意，但升值空间不大也不宜选用。

注意：不能选用国家禁止捕杀、加工、销售的保护动物作为烹饪原料，如熊掌、果子狸、娃娃鱼等；尽量不要选用营养损失过多或有害人体健康的烹调方法，如老油重炸、传统烟熏等。

（三）孵化创意

通过筛选，确定选用某一种新菜肴的创意后，接下来的一项工作就是要将创意变成产品，这就需要进行不断的试制、修改、完善。

1. 确定菜肴名称

菜肴命名，就是根据菜肴的情况给菜肴起名，它在一定程度上反映了菜肴的某些特征，使人们能根据菜名初步了解菜肴的特色。菜肴名称是否合理、贴切、名实相符，是给人留下的第一印象。因此创新冷菜命名的总体要求是：名实相符、便于记忆、启发联想、促进传播。

2. 强化营养卫生

吃得安全、健康是每个消费者的期望，也是餐饮企业菜肴创新不可忽视的环节。因此，作为创新冷菜应做到不同营养物质的合理搭配，菜肴的营养构成比例要符合人体的消化吸收规律，在烹调加工中符合保留营养不易流失的原则。在原料选择、洗涤、切配、烹调、装盘、销售等过程中要保持清洁，包括原料处理是否干净、盛菜器皿是否消毒等。

3. 尽显外观色泽

外观色泽是指人们肉眼能观察到的颜色和光泽。菜肴色泽是否悦目、搭配是否和谐，是创新冷菜能否成功的一项重要因素。赏心悦目的菜肴色泽可以使人们产生某些奇特的感觉，从而产生消费心理。因此，菜肴的色彩与人的食欲、情绪等方面存在着一定的内在联系。一份色彩搭配和谐、得体的冷菜，可以使人产生食欲；若乱加搭配、色彩凌乱，则会使人产生不悦之感。

4. 注重香气

香气是指令人感到愉快舒适的气息，它通过人们的嗅觉器官感受到，可对消费者产生巨大的诱惑力，是菜肴制作中不可忽视的一个因素。在创新菜肴的制作过程中不能忽视对香气的要求，嗅觉所感受的气味会影响人们的饮食心理和食欲。因此，要取得创新冷菜的畅销就必须使菜肴的香气突出。

5. 提升味感

味感是指食物在人的口腔内刺激味觉器官化学感受系统从而使人产生的一种感觉。这种感觉即菜肴滋味，主要包括菜肴原料味、调料味等，它是评判菜肴质量高低最重要的一个因素。味道的好坏，是人们评价创新菜肴的最重要的标准。因此，好吃也就自然成为消费者对厨师烹调技艺的最高评价。创新冷菜的味道应适当、滋味纯正、无不良呈味物质等。

6. 精湛刀工

刀工处理成形（如原料大小、厚薄、长短、粗细）等是菜肴装盘造型必不可少的一个环节。我国烹饪厨师的刀工精湛，刀法花样品种繁多，在充分利用鲜活原料和特色原料的基础上，通过包卷、捆扎、翻扣、裱绘、镶嵌、挤捏、拼摆、模塑等造型方法，可构成活灵活现的"艺术品"创新菜肴。创新菜肴的造型风格是视觉审美中"先入为主"的重要一项，是值得厨艺工作者去思考、实践的。

现代菜肴的造型要求简洁、自然；选料讲究，主辅料搭配合理；刀工细腻，刀面光洁，规格整齐；盛器得体，装盘美观、协调。凡是装饰原料尽量要做到是可以直接食用的（如黄瓜、萝卜、香菜、生菜等），特殊装饰品要与菜肴的特点协调一致，并符合食品卫生安全的相关规定。

7. 恰当火候

火候是指菜肴烹调过程中所用的火力大小和时间长短。烹调时，一方面要从燃烧烈度鉴别火力的大小，另一方面要根据原料性质掌握成熟时间的长短。两者统一，才能使菜肴烹调达到标准。火候控制好了才能使菜肴显示一定的质地，如成熟度、爽滑度、脆嫩度、酥软度等。

我国地域面积广，气候、物产、口味均有差异，导致各地区人们对菜品的评判有异，但总体要求是要利牙齿、适口腔、诱发食欲，使人们在咀嚼品尝时产生可口舒适之感。不同的菜品会有不同的质感，这就要求火候掌握得当，菜肴原料多种多样，有老、有嫩、有硬、有软，烹调中的火候运用要根据原料质地来确定。软、嫩、脆的原料多用旺火速成，老、硬、韧的原料多用小火长时间烹调。通过火候的控制可创造出有"质感之美"的菜肴。

（四）关注试销

在经过可行性分析、遴选创意，并根据优选的创意方案开发出了一份理想的创新冷菜样品之后，就进入了开发的最后阶段——商品化阶段。这一阶段的特点就是新菜品被推向市场，直接与消费者见面，实际检验其效果，通过餐厅的试销得到反馈信息，以观察菜肴的市场反应，供制作者参考、分析和进一步完善，同时制作者可根据完善情况及市场反应情况决定是保留还是放弃。

四、强化创新冷菜、冷盘的后续管理

强化创新冷菜、冷盘的后续管理，是指对餐饮企业中厨师所创新制作出来的冷菜、冷盘采取科学、系统、完善的措施，以保持、巩固及提升新菜肴的质量水平、销售数量。菜肴产品和其他产品一样要经历四个生命周期，即引入期、成长期、成熟期、衰退期，随着时间的延续，新菜肴会变成旧菜点，直至淘汰。菜肴的成长期和成熟期越短，对创新菜肴的餐饮企业就越不利，其所获得的经济利益就越少，此外还会打击人员创新的积极性，因此要强化其后续管理以延长其生命周期。

（一）强化冷菜、冷盘的后续管理的作用

强化创新冷菜、冷盘的后续管理，无论从企业获得的经济利益上，还是增强餐饮企业在社会行业中的竞争优势上，无论从稳定企业的经营管理上，还是保护人员创新的积极性上，都具有相当重要的实际意义。

1. 餐饮企业节约创新成本是提高经济效益的有力措施

餐饮企业在收集创意、遴选创意、孵化创意、市场试销推广等环节都需要投入大量的财力、人力、物力，如果创新出来的菜肴其生命周期越长，那么其为餐饮企业创造的

经济利益回报就会越多。这样既能使得单位菜肴的投资成本下降，也能满足企业"低成本、高效益"的生存法则。

2. 维护人员积极性的需要

企业的发展需要员工的支持，管理者应懂得，员工的主动性、积极性和创造性将对企业生存发展产生巨大的作用。而要取得员工的支持，就必须对员工进行激励，调动与维护员工的积极性是管理激励的主要功能。因此，维护员工创造出来的新菜肴的长久生命力，并得到消费者的认可，这是对创新人员的肯定和鼓舞，也是维护、激发创新人员热爱自己的工作岗位，维持工作积极性，提升创新激情的需要。

3. 赢得消费者认可，塑造优良餐饮企业形象的必要工作

餐饮企业的形象是指人们通过企业的各种标志而建立起来的对企业的总体印象，是企业文化建设的核心。企业形象是社会公众在与企业接触交往过程中所感受到的对企业的总体印象。这种印象不仅决定着消费者是否认可企业，而且影响到顾客的忠诚度。因此，强化创新菜肴的后续管理，保持菜肴口味、造型、色彩、香气等的一致性，是赢得消费者认可的必要工作。

（二）创新冷菜、冷盘的质量控制

创新冷菜、冷盘菜肴的质量包括食品本身的质量和外围质量两个方面。好的产品质量是指供给客人食用的产品无毒、无害、营养卫生、芳香可口且易于消化，菜肴的色、香、味、形俱佳，温度、质地适口，客人用餐结束后能感到高度满足。创新冷菜、冷盘由于自身具有新意，往往在折扣品尝时会有较多客人点食。然而当新菜经营数日后，其口味、造型、色彩、香气可能就会出现波动，甚至让客人大失所望。若创新冷菜、冷盘质量急剧下滑，令客人扫兴，则承受名誉损失和利益损失的仍然是餐饮企业。而产生这种现象的原因，大多来自以下几个方面：

（1）新冷菜、冷盘刚创作出来时，餐饮企业各管理层和制作人员都很重视，制作人员有条件、有耐心精雕细刻，因此出品质量高。

（2）经过一段时间的生产经营，制作人员及各岗位人员新鲜感减退，尤其是被列入菜单进行常规生产、销售之后，各管理人员工作繁忙，无暇对菜肴精心呵护，使菜肴质量迅速下滑。

针对上述原因，创新冷菜、冷盘的质量长效管理可以通过以下几种方法进行控制：

（1）严格筛选创意，以使孵化出来的新菜品具有相当的食用性，优选适宜高效率制作的菜肴。

（2）分析新菜肴所用原料的特点、生产制作的难易程度，科学地组织原料采购、验收、保管和加工等，采用先进设备，简化复杂的生产工艺流程，为方便生产、持续经营提供保障。

（3）将试销阶段较为理想的新菜肴制作成食谱，如日常菜单，按厨房菜肴生产流程和正常工作岗位分工，使制作人员能分工协作完成菜肴的生产。

（三）创新冷菜、冷盘的销售管理

销售管理是指为了实现企业的目标，创造、建立和保持与目标市场之间的有益交换和联系而设计的方案分析、计划、执行和控制。通过计划、执行及控制企业的销售活动，以达到企业的销售目标。创新冷菜、冷盘作为企业产品入市销售，无论其销售情况是好还是坏都应加强管理。其管理内容包含以下几个方面。

1. 统计新冷菜、冷盘的销售状况，积累销售数据

（1）对同批次新冷菜、冷盘的销售数量进行统计，以掌握同批次创新冷菜销售的总体效果，发现不同冷菜的受欢迎程度。

（2）统计顾客的点菜率。对顾客点取新菜肴的食用率进行统计，以发现不同菜肴的受欢迎程度。

（3）统计顾客的回头率。对回头率进行统计，其主要目的是了解顾客对新菜的认可程度及钟爱程度。

2. 统计销售态势，分析个中原因，以供管理决策

销售量低，即点食新菜肴的消费者不多，新菜肴销售形势不理想，低于预期目标，分析其原因，包括：是不是新菜肴定价过高且没有折扣；是不是新菜肴名称没有特点，新菜肴的特色没有吸引力；是不是新菜肴在菜单里不突出，难以引起消费者的注意；是不是餐厅点菜人员没有主动向客人推介；等等。

销售量高，即新菜肴销售形势看好，达到或超过预期目标，出现这种情况同样需要进行冷静分析，包括：是不是菜肴名称"哗众取宠"、标新立异，而误导客人点菜；是不是服务员强势推销，客人在服务员的强大攻势下点食；是不是菜单内菜肴品种少，顾客选择范围小，而无奈点了新菜；等等。

第二节　宴席冷盘设计

一、明确宴席冷盘设计的原则与要求

（一）宴席冷盘设计的原则

1. 宴席冷盘设计要有针对性

宴席冷盘设计原则

所谓针对性，一是要反映宴席的主题思想，二是要适应就餐者的饮食特点、忌讳、爱好。宴席的内容与主题思想是多种多样的，如结婚、祝寿、迎宾、庆功、答谢等，在设计时，从菜品确定到冷盘造型都要精心策划，使人感到亲切、贴意，从而达到增添宴

会的气氛、激发人们的情趣、满足就餐者感情上的需求等。另外，还要根据宾客的国籍、所在地区、职业、年龄、宗教信仰等情况进行设计。在冷盘造型方面也要考虑到宾客的爱好，如在通常情况下，日本人喜欢樱花、美国人喜欢山茶花、法国人喜欢百合花、西班牙人喜欢石榴花等。对妇女较多的宴席，多用一些色艳形美的花朵类图案的冷盘，少用一些凶猛的蛇、虎等造型。大型宴会的冷菜，应考虑来自各方面的宾客，冷菜的数量和质量应相适宜，不能简单认为高级宴会就非用山珍海味不可，其实有些外国客人并不喜欢。有时可用由当地的土特产制作成的冷菜来招待，这样做也能别具一格。在冷盘设计时应投其所好，才能收到良好的效果。

2.宴席冷盘设计要突出地方性

所谓地方性，主要是指冷菜设计要有地方特色。我国冷菜的地方风味种类繁多，在设计宴席冷菜时绝对不能千篇一律，南北一个味，各菜系、各地方甚至各饭店都应有自己的风味冷菜，才能吸引宾客，提高企业声誉，增加经济效益。这就要求我们在设计宴席冷菜时在原料选用、烹调方法、食用方式、装盘形式、口味变化上保持地方特色。例如，南京的盐水鸭、四川的泡菜、广东的卤水和叉烧、山东的盐水虾等，就深受客人的欢迎。

3.宴席冷盘设计要注重季节性

宴席冷盘设计的季节性应突出两个方面：一是根据季节的变化选用时令原料制作冷菜。尽管目前交通运输较发达，保鲜方法科学先进，有些原料打破了季节和地域的限制，但俗语讲"物鲜为贵"，正常上市的原料不仅质量好，而且给人一种新鲜感，尤其是蔬菜、水产品等。二是在烹调方法和装盘形式上应随季节的变化而有所变化。冷菜和热菜一样，其品种既有常年可见的，也有四季不同的。冷菜的四季性有"春腊""夏拌""秋糟""冬冻"等特点，这是根据季节变化对冷菜烹调方法的要求。因为冬季腌制腊味，待开春时食用，始觉味香；夏季瓜果比较丰富，适宜凉拌；秋季的糟鱼是理想的冷菜佳肴；冬季气候寒冷，有利于羊糕、冻蹄类菜肴的烹调。但这不是绝对的，还要根据具体情况灵活调整。通常夏季气候炎热，宜制作一些清淡冷菜；冬季气候寒冷，宜做一些色深味浓的冷菜。在造型盛器等方面，也应随季节变化而有所改变，这样才能给人一种新奇变换的感觉。

4.宴席冷盘设计要遵守科学性

所谓科学性，就是说冷盘设计在整体安排上要统一和谐，而不是杂乱无章；在原料结构搭配上要平衡合理，讲究营养互补。宴席冷盘的设计不仅要在色、香、味、形、器等方面有所变化，搭配合理，合乎科学，还要对原料的供应情况、技术人员的水平、厨房的设备条件等方面做出科学的分析。

（1）要了解原料的供应情况。如果对食品原料供应情况不太了解，那么即使冷盘设计得再科学也可能无法实施。所以我们必须了解市场货源和饭店库存情况、各种原料的价格情况，以及原料的涨发率和拆卸率等情况。

（2）要根据技术力量来设计。要发挥每个厨师的技术水平，对他们能做哪些冷菜、雕刻水平怎样、冷菜的拼摆水平是否达到设计水平等做到心中有数，只有这样才能使方案得以顺利实施。

（3）要根据设备先进程度来设计。设备的好坏、多少直接关系到冷盘制作的速度及质量，有些冷菜若没有好的设备则无法达到设计要求，如"烤乳猪"没有好的烤炉就无法保证质量。因此，在设计冷盘时，必须考虑设备的因素。

5. 宴席冷盘设计要讲究效益性

宴席冷盘的设计必须按经济规律办事，一定要做好成本核算，讲究经济效益。应根据各种宴席的价格和毛利率的幅度，以及冷菜成本在整个宴席中所占的比例进行核算。由于各种宴席的价格标准有高低，且毛利率也不一样，但每桌宴席的冷菜数量基本相似，故要使每桌宴席冷菜的成本不超过规定范围，必须在冷菜使用原料、品种上做必要的调整。例如，根据宴席的不同规格（如一般、中档、高档规格），制定不同的价格标准，在保证宴席冷菜数量不变的情况下，主要在菜肴冷菜比例、所用原料价格高低等方面来调整。

（二）宴席冷盘设计的要求

在设计不同规格的宴席时，除需要掌握上述五项原则外，还要做到以下几点。

宴席冷盘设计要求

1. 要选用不同的原料

根据规格、标准的高低，每桌宴席的冷菜数量均不一样，通常在4～8道。要求一桌宴席中无论有多少道冷菜，其所选用的原料都应不一样，如鸡、鸭、鱼、肉、蔬菜、豆制品等，这样才能显得内容丰富，否则会显得十分单调。

2. 要采用多种烹调方法

采用不同的烹调方法，可使冷菜形成不同的风味。如果一桌宴席冷菜只采用1～2种烹调方法，那么尽管所用的原料不同，其口味也基本差不多。因此设计宴席菜单时，应根据客人和所用原料性质，采用多种烹调方法，如酱、拌、卤、醉、煮等，这样才能形成多种风格。

3. 要有多滋多味的味感

在设计一桌宴席冷菜时，首先要考虑口味的变化。如果一桌宴席有5道冷盘，只有两种味道，那么吃起来必然乏味。因此，要根据宾客的饮食习惯，设计出多种多样的口味，如酸、甜、苦、辣等各种复合味，使宾客回味无穷。

4. 要搭配恰当的颜色

菜肴的色彩最能影响宾客的食欲，在设计宴席冷盘时，要尽量利用自然色彩和加热调味后的色彩，使一桌宴席的冷菜具有多种色彩。同时，要避免用近色冷盘组合，以达到清爽而绚丽多彩的效果。

5. 要有各式各样的造型

一桌宴席冷盘的造型应富有变化，不仅能给宾客留下多姿多彩的印象，同时又能使

宾客得到艺术的享受。为此，在设计宴席时要注意以下两个方面：一方面，做到经过刀工处理后每个单盘的原料、形状要不一样，如块、段、片、条、丝、丁等；另一方面，根据宴席的形式和规格及宾客的类型，将冷菜组成各种造型图案，如百花齐放、喜鹊登梅等。

6. 要有变换多样的质感

一桌宴席冷盘除在口味、色彩、形状等方面有所不同外，在设计中还要注意每道冷菜通过烹调后在质感上也要有所变换，如有酥、脆、软、嫩、爽等方面差异。

7. 要有多种营养成分

饮食的主要目的是摄取营养，满足人体生理需要，因此我们应根据饮食对象的年龄、工作、身体状况等，设计出含有不同营养成分的冷菜。对于一些特殊职业和对营养有特殊要求的宾客，必须做适当的调整来满足饮食者的要求。

此外，在设计宴席冷菜时，对盛器的选择、各盘碟的点缀等方面也要有一定的要求。

二、熟知各种宴席对冷盘的要求

我国加入世界贸易组织（WTO）之后，与国际交往日益增多，旅游业不断发展，国民经济日益增长，宴席的种类和形式也发生着变化，不同宴席对冷盘制作也有不同要求，现简述如下。

（一）国宴

国宴是国家领导人或政府首脑，为国家庆典或为外国元首、政府首脑来华访问举行的宴会，其规格高，一般多以我国传统的正宗宴席形式举行，其对冷盘制作的要求也很高。在设计冷盘时应根据宴席的规模，当时的季节，宾主的饮食习惯、忌讳和喜好，以及原料的供求情况等因素来设计，要求从色、香、味、形及卫生等方面认真考虑，要突出我国的民族特色。冷盘的规格通常由一只大的艺术拼盘，周围放上8~10只小单盘或小的艺术拼盘组成。主宾席的冷盘要求更为精细，由于人数为一般餐桌的2~3倍（一般为16~35人），所以常用最大圆桌，圆桌中间不设转台，而摆上"花台"。花台摆设要符合宴会主题，常用鲜花和食品雕刻的花、鸟、鱼等装饰，冷盘的组合富于变化，一般要求4~6人设一组碟盘，每组的碟盘要小于一般餐桌（但盘数不能少），做到少而精，使主宾的冷盘摆设显得悦目多姿、有所突出，以此表达对主宾的尊敬。冷菜的总成本应控制在整个宴会成本的20%左右。

为了适应外国人的饮食习惯，有时宴会冷盘采用"中菜西吃"的做法，也就是把若干冷菜分装在每个冷碟中，并做必要的造型，按每人一份的方式用餐。这种做法比较卫生，便于食用，免得主人分菜及服务员派菜。

（二）便宴

便宴即非正式宴会，这类宴会形式较国宴简便一些，可以不排席位，不做正式讲话，气氛亲切和谐，便于交谈。

便宴的冷盘规格，按宾主的要求和价格标准在冷盘的数量和质量上可以上下浮动。装盘形式多种多样，有的用一个大艺术拼盘或一个大的主菜冷盘再围上6~10只单盘；有的用6~8只对拼盘；也有的用8~12只单盘等。但转盘的要求基本上同正式宴会一样。在冷菜的点缀和装饰上没有正式宴会那么讲究，主宾席的冷盘与一般餐桌不作区别。冷菜的成本控制在整个宴会总成本的18%左右。

（三）家宴

家宴即在家中以私人名义举行的宴会，一般适用于老朋友聚会，其特点是人数较少，不拘形式，菜肴可多可少，中、西方人均喜欢采用这种形式，以示友好。

家宴的冷盘一般由家乡的土特产及鸡、鸭、鱼、肉、蔬菜、豆制品等原材料制作而成，并具有家庭式的风味，冷盘数量一般4~8只不等，也可用拼盘或什锦拼盘。家宴中的冷盘具有整齐、实惠、新鲜的特点。

（四）陪餐

陪餐即非正式宴会，常用于迎送外国专家、文艺团体、体育团体等，是由有关人员陪客人就餐的一种形式。其特点是不拘形式，比较随便，气氛比较活跃。

陪餐中，通常在便饭菜的基础上酌情加几道冷菜，亦可根据主宾的意见和要求把标准提高到便宴的水平。一般来说，每桌宜有4~8只单盘或拼盘。冷菜的成本控制在整个宴席总成本的15%左右。

（五）招待会

招待会也是一种宴客的酒会。其规模不一，有的与国宴相同，如国庆招待会；有的规模较小，如各部门或地方政府所举行的各种招待会等。

招待会对冷盘的要求在规格和形式上与便宴基本相似，但是招待会不是为某一客人或某一团体举行的，由于来宾广泛，生活习惯不同，所以在设计冷盘时，在口味、形状及原料选用等方面应尽量考虑得全面周到，做到统筹兼顾。

（六）冷餐酒会

冷餐酒会是国外流行的一种宴会形式，现被我国部分人士所接受，规模视所邀请的人数而定。其特点是不设席位，菜肴以冷菜为主，以热菜、点心、水果为辅，没有一定的上菜次序，一般是预先把冷菜等其他菜点全部陈设在餐桌上，开宴时由客人自取，客人可以多次取食、自由活动和相互交谈。

我国举办的大型冷餐酒会，往往在陈设的酒菜桌旁另外设置一些小圆桌、座椅、主宾席排席桌卡等，其余不再设固定座位。冷餐会开始后，宾客即可自由进餐。

冷餐酒会对冷盘的要求比较高，冷菜的数量多，必须提前准备，一般按每人500～600克净生料的标准来准备，所用的原料贵贱和荤素的比例，应根据冷餐会的标准进行调配。装盘的方法也不同于其他宴席，通常30～50人为一组，每组用冷菜的品种为15～30种不等。宜用大的盛器装盘，但块形不宜太大，以便于食用；装盘时还要注意冷菜的造型、色彩、口味、原料等方面的搭配。为了烘托宴席气氛，往往用一些大型的食品雕刻及艺术拼盘来装饰桌面，有的冷菜还会进行一些必要的点缀。冷餐酒会制作的冷菜不应全部装盘上桌，要留有余地，在客人进餐过程中，看哪种冷菜客人最喜欢吃或吃得最快，就要做必要的添加。冷餐酒会冷菜的成本根据冷菜在宴会中所占比例来确定，一般约占总成本的80%。

（七）鸡尾酒会

鸡尾酒会以鸡尾酒（是用两种或两种以上的酒，并配以各种果汁而成的）为主，再略备小吃。不设主宾席，不设座椅，仅置小桌，以便客人随意走动，大多数客人站着进食，这种鸡尾酒会的特点是形式活泼，与其他宴会比较更为自由，便于广泛接触交谈。国际上鸡尾酒会多用于贸易会、庆祝活动、迎送宾客等。

鸡尾酒会对冷菜要求不高，以点心、小吃为主，如面包托、三明治、炸春卷等，同时也配备冷菜，如叉烧肉、烤肠、酱鸭等，以牙签取食，所以冷菜必须干爽形小，不能有连刀现象。有时为了烘托酒会气氛，也会用一些大型的食品雕刻来装饰场面。

（八）特色宴席

特色宴席在原料运用、烹调方法和宴席形式上具有一定的特色，往往用一种或几种同类的原料，采用不同的烹调方法制作出口味各异的菜肴，以宴席的规格要求组合起来，如全羊席、全鱼席、全素席等。

这种宴会对冷菜有特别的要求，如用一种原料制成8道单盘，在色、香、味、形等方面都有所不同，做到口味多样、色彩各异、刀工整齐美观，既要突出地方特色，又要显示出烹调技艺的高超。这种冷盘没有一定的冷菜制作功夫是很难实现的。

另外，满汉全席、红楼宴、金瓶梅等复古宴席，对冷菜制作要求更高，要先了解古代宴席冷菜的菜名，研究其制作方法，才能制作出合乎要求的冷菜。

（九）地方风味

地方风味是随着旅游业的发展而出现的一种非正式宴会，其特点是客人自己组织、自己出钱来品尝当地的风味菜肴。品尝风味的客人往往是消费层次较高的旅游者、商人等，所以价格标准高，菜肴追求新、奇、特的吃法，客人有时还自己点菜。

地方风味对冷菜的要求是要有地方特色，要有地方的菜名，要求品种多，要挖掘当地风味菜肴，装盘时要讲究艺术感，注重造型，往往用食品雕刻来增加宴席气氛。冷盘一般为4～8道，有的用一个大艺术拼盘，围上8～10只围碟；有的用多碟组合，形成大型图案，如"百鸟朝凤""百花齐放"等。总之，地方风味的冷盘制作，一要注重食用性，二要讲究艺术性。

三、科学组织大型宴席冷盘的设计

大型宴席的特点是人数多、影响大、要求高，所以必须精心设计，环环紧扣，预先准备，以免临场忙乱，影响整个宴席的进程和质量。具体需要抓好如下几个方面的工作。

（一）设计

1.菜单的内容设计

制定菜单是整个宴席设计中的一个重要环节，菜单内容设计得科学与否，直接关系到冷菜制作乃至整个宴席的成败。冷菜菜单内容主要根据宴席用餐的人数、对象、标准、原材料的供求情况、厨师的技术水平和设备条件等来制定，具体要明确冷菜的名称、烹调方法、数量、荤素搭配比例及装盘的类型和形态等。

2.用料质量的设计

菜单内容确定后，要对每一款冷盘所需的原料做出具体的分析。例如，先确定每一盘冷菜需要多少熟料方能装成，然后推算生料经过加工、烹调后，其拆卸率、涨发率或成熟率均是多少。通过对每道冷盘所用原料的分析和预算，并根据大型宴席的桌数，折算出共需要多少原材料，并核算成本。若达不到所规定的标准，则要及时更换菜单内容，以保证冷菜的质量和数量。

3.人员安排的设计

菜单内容一旦确定，首先要确定总负责人，各项工作按厨师的技术水平具体分工，做到分工明确、责任到人，使各项工作按设计要求有条不紊地进行。

（二）组织

1.原材料的组织

从原材料的采购到初步加工、腌制都需要进行精心组织，尤其是冷菜的腌制品应根据季节变化，提前3～7天进行，另外一些大型的雕品和干货的涨发工作也得在开宴前1～2天开始。

2.冷菜制作的组织

大型宴席人数多，故需要的冷菜数量也特别多，如果都集中在开宴的当天进行烹调制作，则会显得太紧张，还可能耽误开宴时间。因此必须根据季节、设备和冷菜的性质，在气候、设备条件允许的情况下，有些荤菜可在开宴前1～2天提前烹调，如盐水鸭、

五香牛肉等。对一些需要保持脆嫩和颜色的蔬菜，应在开宴当天进行制作，过早制作则质量难以保证。

3. 盛器的组织

大型宴席所用的碟、盘等盛器特别多，使用的盛器必须在装盘前彻底清洗、消毒、擦干或烘干。凡是宴席所用的碟、盘都要求大小适宜，无破损现象，且是成套统一的，同时对其他辅助工具如桶、盆、抹布、刀具、砧板等也必须进行严格消毒，防止食物中毒。

4. 装盘过程中的组织

装盘是宴席冷盘设计中的最后一环，要根据宴席的桌数、技术力量和装盘的繁简来具体控制。大型宴席的冷盘数量较多，可以在开餐前就装好盘存放于冰箱中，待开餐时从冰箱中取出就可以直接上桌。每一桌冷盘的多少及各碟的数量应相同，做到整齐划一。装盘完毕后，还要做好点缀工作，形成整体美的效果，使整个宴席的冷盘达到设计的要求。最后，还应做好清洁卫生等收尾工作。

 第三节　常规冷菜的创业应用

常规冷菜的创业应用

大学生创业群体主要由在校大学生和毕业生组成，面对近年来大学生就业难等一系列问题，一部分大学生通过创业形式来实现就业。这部分大学生除了具有高学历的特点之外，还具有挑战传统观念和传统行业的信心和欲望，有着年轻的热情和蓬勃的朝气。大学生创业逐渐被社会所承认和接受，在高校扩招之后越来越多大学生在走出校门的同时就开始创业。对于学习烹饪、餐饮的大学生而言，他们更倾向于选择自己熟知的创业项目。本节就从常规冷菜创业的前景、产品组合等角度来进行介绍。

一、分析常规冷菜的创业机会

（一）产业背景

常规冷菜是指那些满足消费者日常基本生活需求的大众化卤味、凉拌菜、烤鸭、烤鸡、叉烧等冷菜。这类冷菜具有销售快捷、使用便利、质量标准、营养均衡、服务简洁、价格低廉等六大特点。我国烧腊、卤味的经营网点约有300万个，年营业额达2500亿元，占到整个餐饮业的16%左右，且烧腊、卤味菜肴产业的规模仍将继续扩大。

（二）市场机会

烧腊、卤味行业准入门槛低，资金回流快速。中国历来有"民以食为天"的传统，烧腊、卤味作为我国餐饮产业中的一个支柱，一直在社会发展与人民生活中发挥着重要作用。特别是最近几年，我国餐饮业呈现出高速发展的势头，使得烧腊、卤味成为很多创业者首选的热门行业之一。烧腊、卤味销售呈现出迅速发展、繁荣兴旺的景象。

相对来说，进入这一领域在品种选择和经营形式方面都不需要投入很多的资金和时间。因此，在竞争中比较容易找到出路，也不至于陷入低价竞争的泥潭。餐饮业有"百业以烧腊、卤味为王"之说，且其在餐饮业中常年一枝独秀，是最具有吸引力的行业之一。它具有利润高、资金回流快、每天经营收入的都是现金等特点。而在货源方面，餐饮业可以用赊账的方式购入原材料，定期结账，这些也胜于其他行业。若开一间特色烧腊、卤味小吃店，则其投资不多，店面不大，也不需要很多员工。它既能满足顾客的口味，价钱又便宜，往往很受欢迎。

烧腊、卤味行业市场巨大，为创业者提供了发展前景与空间，想以烧腊、卤味创业的大学生、下岗工人中有不少人在自己创业之前都未必对将要投身的这个行业有充分的了解。我们不妨看一看来自世界各地的有关餐饮业的状况。据了解，中高收入国家平均每268人就拥有一间烧腊、卤味店，而在我国约2000人才拥有一家烧腊、卤味店。这一数字表明，中国的餐饮市场远远没有饱和，潜力很大，巨大的商机在等着准经营者们去施展自己的聪明才智，沉睡的金山等待着他们去挖掘。

同时烧腊、卤味以其方便快捷、口味多样、价格低廉、松软浓郁、细腻鲜嫩等特点吸引消费者。据中国烹饪协会调查数据显示，80.56%的公众经常食用烧腊、卤味。另据国家部委有关数据显示，全国每天有不少于7000万人次在不同地点、时段来消费烧腊、卤味菜品或烧腊、卤味小吃，按人均8元消费计算，一年就是2000多亿元的销售额。

（三）政府对大学生创业的政策扶持

一是放宽市场准入条件，包括放宽注册资本的登记条件、放宽经营场所限制、实行优质高效便捷的准入服务。

二是加大财税支持，包括设立高校毕业生创业专项资金、减免有关行政管理费用、享受税收减免优惠、给予创业补贴、实行创业吸纳就业奖励办法。

三是加大金融扶持，包括实行小额担保贷款优惠、鼓励社会资金参与。

四是加强创业教育培训，包括组织创业教育培训、给予创业受训资助、保证培训质量、建立创业孵化基地和创业园区。

二、制定常规冷菜创业产品组合

（一）产品组合

产品组合，也称"产品的各色品种集合"，是指一个烧腊、卤味店或企业在一定时期内生产经营的全部产品的总称。产品组合往往包含若干条产品线。

产品线是指烧卤店或烧卤企业中相类似的一组产品。根据烧腊、卤味行业的特点，我们可以把凉拌类菜肴、卤水类菜肴、烤制类菜肴、冻制类菜肴、挂霜类菜肴等不同形式的烧卤制品看作产品线，在同一条产品线上可以有一系列类似产品。例如，凉拌类菜肴产品线可以有不同风味的产品形式，包括由不同菜系、不同档次、不同风格等组织起来的菜品，如粤式凉拌菜、川式凉拌菜、鲁式凉拌菜、高中低档的凉拌菜等。

产品项目是指构成产品线或产品组合的最小单位，如卤味类产品线上的扒鸡、卤水大肠、豉油鸡、精品牛肉潮州卤水拼盘就是不同的产品项目。

（二）产品组合类型举例

1. 烧卤套餐型

烧卤套餐是指为满足消费者的需要把采用烧卤方法制作而成的凉菜与主食、青菜、汤品等巧妙地组合成一套突出烧卤菜肴特色的营养餐。烧卤营养组合套餐在广东、广西的快餐店中已经出现，经实践检验，其大大简化了顾客点餐所需的时间和精力，顾客可以根据自己的口味选择适合的烧卤品种。这不仅提高了经营者的经济效益，而且节省了顾客的时间，还避免了很多不必要的麻烦。这种烧卤套餐因其简便快捷、经济实惠的特点，一经面世便受到大众的欢迎，完全可以向全国各快餐企业推广。套餐品种参考：烧卤双拼套餐、蜜汁叉烧套餐、白切鸡套餐、烧鸭套餐等。

2. "冷淡杯"

"冷淡杯"一词，原本是成都老百姓的俗语，也就是人们平常所说的"夜啤酒"。自20世纪90年代初开始，每年夏季夜晚，成都都有数不胜数的饮食店铺和摊点把生意做到街头院坝、河边绿荫。这些食摊大多销售一些煮花生、胡豆、毛豆角、豆腐干、卤鸡翅、卤猪肚、泡凤爪等家常小食，并供应一些酒水。这种饮食消费方式深受老百姓的欢迎，由此传到了全国各地。近20年来，全国各地凡人口密集的地段大多出现了以经营夜宵为盈利点的大排档、烧烤城等。这些"冷淡杯"型的个体或企业所销售的产品都以凉菜为主，因此烧腊、卤味类冷菜完全可以在其中大放光彩。

3. 风味烧卤型

烧卤的风味就是食品中的风味物质刺激人的嗅觉和味觉器官产生的短时的、综合的生理感觉。人们在经营烧卤的过程中应根据目标人群的口味来合理安排。例如，在两广地区经营烧卤店，那么产品的选择就应以两广人耳熟能详的烧卤品种为主打营销产品，如以脆皮烤乳猪、烧鹅、烧鸭、脆皮叉烧、白切鸡、潮州卤味等品种为主打。总之，风味烧卤组合型产品应当体现其地方特色。

（三）产品组合经营策略与理念

1. 满足市场需求的产品组合经营策略

（1）以服务质量来赢取市场。烧腊、卤味行业本来就是服务行业，消费者购买的是服务，企业卖的也是服务，好的服务是创业成功的立足之本。

（2）以快捷销售来赢取市场。烧腊、卤味的特点是"快"，快捷的服务、快捷的销售才能满足顾客，占据市场。

（3）以合理价格来赢取市场。过高的价格虽然能获取高额利润，但只是短期的获利，对于不同消费等级的人群来说，高消费只会让中等收入者和低收入者望而止步，从而影响利润。因此，应针对所经营产品的目标顾客群的消费心理和消费水平，做到价格合理、经营有道。

（4）以质量和信誉来赢取市场。安全卫生是大众关心的问题，只有安全卫生的产品才能让顾客放心，才能有"回头客"，才能有稳定的市场份额，才能推动创业的成功。

2. 产品组合服务经营理念

烧腊、卤味店主要是为消费者提供安全、营养、卫生的冷菜菜肴或小吃，因此对顾客的服务应严格遵守以下经营理念：

（1）品质。从每天的第一份产品到最后一份产品，其质量、味道都应保持不变。

（2）服务。给予顾客物超所值、最满意的服务。

（3）清洁。让顾客在放心、安心的环境中用餐。

（4）快速。把最好的品质在第一时间呈现在顾客的面前。

（5）健康。提供顾客营养、均衡的健康餐饮。

（6）价值感。结合品质、服务、清洁、快速、健康等方面所呈现出来的综合价值。

（四）产品组合促销方式

促销是促进销售的简称，是现代市场销售策略的重要组成部分之一。在餐饮行业中，产品必须依赖销售去连接消费者。在烧卤行业中这一点的表现同样很突出，因为消费者购买烧卤产品除了得到功能上的满足外，还必须得到心理上的满足。

1. 烧卤促销作用

（1）散布信息。销售产品是经营烧卤店的中心任务，信息散布是烧卤产品顺利销售的首要保证。在烧卤店开业以及做各种促销活动时，烧卤店经营者通过有效的手段及时向消费者提供产品信息，引起目标顾客对烧卤产品的广泛关注。

（2）引导需求。向目标消费者散布菜品信息，不仅可以引导购买，而且可以创造出新的需求。促销的重要作用就在于通过介绍新菜品和特色菜品，展示符合潮流的消费理念，满足消费者对菜品的需求，从而唤起消费者的购买欲望。

（3）突出特点。在市场竞争激烈的环境下，面对烧卤市场上琳琅满目的菜品，消费者往往很难区分这些产品的风味和特色。烧卤工作人员通过各种有效方式开展促销活

动，如通过在店内张贴招牌产品的风味介绍、新产品的免费品尝、发放宣传单等方式，让顾客了解其所经营的烧卤食品的风味特色和优势，从而提高消费者的购买欲望，以达到刺激销售的目的。

（4）稳定销售。由于烧卤行业自身的特点，以及激烈的市场竞争和季节性的影响，烧卤产品的销售情况可能起伏不定，其市场地位会出现不稳定的状态，市场份额有时候甚至会出现较大幅度的下滑。通过开展及时有效的促销活动，提高原有消费者对烧卤产品的信任感，使更多的消费者对烧卤产品由熟悉到偏爱，促使消费者产生对本烧卤店的惠顾动机，从而稳定烧卤店的菜品销售额，巩固其市场地位。

2. 烧卤常用促销方式

（1）宣传单。烧卤店将其产品的信息制作成印刷品向消费者发放，如在宣传单上展示烧卤店的历史、产品组合的特色、菜品价格、风味等。宣传单是投入少、效果显著的一种广告宣传手段，正越来越广泛地被烧卤市场的经营者所使用。将宣传单制作好后随报纸发行也是常用的一种方式。

（2）卖场广告。卖场广告是指在烧卤店或其相应的店铺销售现场的门口、走道、柜台、墙面等处所设置的彩旗、海报、标贴、招牌等宣传物。作为一种推销手段，卖场广告是为了弥补媒体广告的不足，通过强化销售现场对顾客的影响力，来刺激顾客，提高其对烧卤产品的购买欲望。一般来说，烧卤企业的卖场广告有创造想象、推销烧卤产品、推销烧卤新品种、增加烧卤产品的销售、减少人工费等作用。

（3）实惠促销。利用顾客喜欢追求实惠的消费心理，开展一些如赠送、折扣推销、免费品尝等活动吸引消费者。但应注意，实惠促销时应找出一个合适理由，不能让顾客认为是由于菜品卖不出去或质量不好才降价。现实中商家降价的名目、理由通常有：节日降价酬宾、新店开张、开业周年庆、开业100天、销售突破若干元以回馈消费者等。

（4）直邮推销。直邮推销是一种"古老"的推销手段，虽然不能够同消费者直接交流，但它可以将大量的有关餐饮产品的信息传递给消费者，刺激消费者的购买欲望。烧卤直邮广告的形式可以包括商业信函、宣传册、明信片、贺卡等。这种营销方式适用于采用送货上门等经营形式的企业。

（5）电话推销。电话推销在烧卤企业中起的作用越来越大，包括接听电话和主动拨打电话。不同的销售方式，如广告、人员推销等，很多都要通过电话订餐的形式最终实现交易。电话不仅仅是一种通信工具，还是一种重要的促销工具。为提高促销效率，在促销时应注意以下方面：避免让客人等待、接通电话要自报家门、询问和回答要简明扼要、及时完善预订程序、使用恰当的结束语等。

第四节 刺身类菜肴制作

一、刺身的概念与特点

（一）刺身的概念

　　刺身是来自日本的一种传统食品，是著名的日本料理之一，它是将新鲜的鱼（多数是海鱼）、乌贼、虾、章鱼、海胆、蟹、贝类等依照适当的刀法加工成片、条、块等形状，享用时佐以用酱油与山葵泥调出来的酱料的一种生食料理。若要追溯历史，刺身最早还是唐代从中国传入日本的。以前，日本北海道渔民在供应生鱼片时，由于去皮后的鱼片不易辨清种类，故经常会取一些鱼皮，再用竹签刺在鱼片上，以方便大家识别。刺在鱼片上的竹签和鱼皮，当初被称作"刺身"，后来虽然不再采用这种方法了，但"刺身"这个叫法仍被保留了下来。

刺身拼盘设计制作

　　中国人一般将"刺身"称为"生鱼片"或"鱼生"，这是因为刺身的原料主要是鱼类，而且其食用方法又是生食。中国鱼生最讲究的是配料，其配料和酱料不下20种，配料有如荞头、姜丝、葱丝、柠檬丝、洋葱丝、榨菜丝、酸蒜瓣、香芋丝、西芹丝、花生、蒜米、炸粉丝、指天椒、芝麻等，酱料则有油、酱油、盐、糖等。

（二）刺身的特点

　　在中餐里，刺身一般被视为冷菜的一部分，上菜时与冷菜一起上桌。因为其原料是生的，外形又很好看，故饭店一般都会在冷菜间或接近顾客用餐的地方单独划出一间玻璃房，让厨师在里面现场制作，这也成了许多中餐馆吸引顾客的一道靓丽风景线。

　　1. 刺身造型美观、口感鲜美

　　刺身以漂亮的造型、新鲜的原料、柔嫩鲜美的口感以及带有刺激性的调味料，强烈地吸引着人们的注意力。刺身已经走进了众多的中高档中餐馆，跻身于冷菜间。

　　2. 刺身原料选择比较广泛

　　刺身最常用的材料是最新鲜的鱼类，其次是甲壳类、贝类。常见的有金枪鱼、鲷鱼、比目鱼、鲈鱼、鲻鱼等海鱼，也有鲤鱼、罗非鱼、黑鱼等淡水鱼。在中国古代，鲤鱼曾经是做刺身的上品原料，而现在刺身已经不限于鱼类原料了，像鲍鱼、贻贝、扇贝、牡蛎等贝类，龙虾、对虾、梭子蟹、青蟹等甲壳类，以及海胆、章鱼、鱿鱼、墨鱼等都可以成为制作刺身的原料。

3. 刺身佐料简单而富有特色

刺身的佐料主要有酱油、山葵泥或山葵膏（浅绿色，类似芥末），还有醋、姜末、萝卜泥和煎酒（经灭菌后的黄酒）。粉状的山葵泥要先用水调和以后才能使用，粉和水的比例为1：2，调和均匀以后，还应当静置2~3分钟，以便能更好地散发出其刺激的辣呛味和独特风味。佐料调好后应当尽快使用，否则辣呛味会挥发。山葵泥提供的刺激味，能解除生料的腥异味；酱油则提供咸味、鲜味，能调和整体的美味；酒和醋在古代几乎是必需的。

4. 刺身盛器选择多样化

盛刺身的器皿通常用浅盘，漆器、瓷器、竹编器皿或陶器均可，形状有方形、圆形、船形、五角形、仿古形等。刺身造型多以山、船、岛为图案，根据器皿质地、形状的不同，以及批切、摆放的不同形式，可以有不同的命名。讲究的，要求一菜一器，甚至按季节和菜式的变化去选择盛器。

5. 刺身并不一定都是完全的生食

有些刺身料理也需要稍做加热处理，如蒸煮，大型的海螃蟹就用此法；炭火烘烤，将鲔鱼腹肉经炭火略为烘烤（鱼腹油脂经过烘烤而散发出香味），再浸入冰水中，取出切片即成；热水浸烫，生鲜贝类以热水略烫以后，浸入冰水中急速冷却，取出切片，即会表面熟、内部生，这样的口感与味道自然是另一种感觉。

二、刺身的基本操作

（一）常用刺身原料介绍

1. 三文鱼

三文鱼即鲑鱼，也叫大马哈鱼，是一种生长在加拿大、挪威、日本和俄罗斯，以及我国黑龙江省佳木斯市等高纬度地区的冷水鱼类。鱼体长，侧扁，口大，眼小，鱼体肥壮，背部灰黑色，分布斑点，肚白色，两侧线平行，肉色粉红且均匀间隔白肉。三文鱼特别适合做刺身，烧熟了难有佳味。三文鱼含大量的Omega-3，食用价值极高，对预防心脏病和中风有较好的作用。

2. 金枪鱼

金枪鱼是一种大型远洋性重要商品食用鱼，主要生长在海洋中上层水域，分布在太平洋、大西洋和印度洋的热带、亚热带和温带的广阔水域。鱼体长，粗壮而圆，呈流线型，向后渐细尖而尾基细长，尾鳍呈叉状或新月形，尾柄两侧有明显的棱脊，背、臀鳍后方各有一行小鳍。枪鱼类一般背侧呈暗色，腹侧银白，通常有彩虹色闪光。金枪鱼是高蛋白、低脂肪、低热量的健康美容、减肥食品。金枪鱼肉质鲜红，口感鲜嫩，是制作刺身的上好原料之一。

3. 鲷鱼

鲷鱼又称加吉鱼、铜盆鱼，在我国各海区均有分布，黄海、渤海产量较大，是我国名贵的经济鱼类。其鱼体椭圆，头大，口小，呈银红色，背部有许多淡蓝色斑点。鲷鱼栖息于海底，以贝类和甲壳类为食，是一种上等食用鱼，肉质细嫩紧密、肉多刺少、滋味鲜美，经常被整条用于制作刺身，将头尾作为装饰，鱼肉批下后整齐地摆放于盘中。

4. 比目鱼

比目鱼包括鲆科、鳎科、鲽科等。关于其称呼各地有不同叫法，北方叫偏口鱼、江浙叫比目鱼、广东叫左口鱼或大地鱼，也有人称之为鞋底鱼，一般统称比目鱼。鱼体侧扁，呈长圆形。两眼均在左侧，有眼的一侧为褐色，有暗色或黑色斑点，无眼的一侧为白色。肉质细嫩而洁白，味鲜美而丰腴，刺少。做刺身食用较多的为多宝鱼（即大菱鲆）、左口鱼。

5. 鲈鱼

鲈鱼又称花鲈、鲈板、鲈子，鱼体长而侧扁，一般体长为30~40厘米、体重400~1200克，眼间隔微凹，口大，下颌长于上颌，吻尖，牙细小，在两颌、犁骨及颚骨上排列呈绒毛状牙带，皮层粗糙，鳞片不易脱落，体背侧为青灰色，腹侧为灰白色，体侧及背鳍棘部散布着黑色斑点。鲈鱼具有治风痹、安胎等功效，肉细嫩而鲜美，刺少，也是制作刺身的上好原料。

6. 鳜鱼

鳜鱼又称桂鱼、桂花鱼、花鲫鱼、淡水老鼠斑等，鱼体侧扁，背部隆起，呈青黄色，有不规则黑色斑点。鳜鱼营养丰富，含脂量较高，能补中益气、补虚劳，肉质紧实细嫩，刺少，滋味鲜美，肉色洁白。古诗有"桃花流水鳜鱼肥"，李时珍还把鳜鱼比作"水豚"，意指其有河豚的美味。

7. 乌鳢

乌鳢又称为黑鱼、乌鱼、生鱼、财鱼、斑鱼等，我国除西北高原外均有分布，冬季肉质最佳。鱼体呈亚圆筒形，青褐色，有黑色斑块，无鳞，口大，牙尖，每年5—7月产卵。乌鳢营养丰富，是很好的滋补食品，具有健脾利水、通气消胀的功效，肉多刺少，肉质鲜嫩，味道鲜美。

8. 龙虾

龙虾是虾类中最大的一族，体长20~40厘米，一般重约500克，重者可达3~5千克。龙虾品种很多，可分为中国龙虾、澳洲龙虾、日本龙虾、波纹龙虾等。国产龙虾分布于东海、南海等海域，尤以广东、福建、浙江较多，夏秋为龙虾上市旺季。龙虾体粗壮，色鲜艳，常有美丽斑纹，头胸甲壳近圆筒形，腹部较短，背腹稍扁，腹部附肢退化，尾节呈方形，尾扇较大。龙虾栖息于海底，行动缓慢，不善游泳。龙虾体大肉厚、味鲜美，是名贵的海产品，其外形威武雄壮，最能体现档次，做刺身时通常将头尾作为装饰、虾肉批成片。

9. 象拔蚌

象拔蚌又名皇帝蚌、女神蛤，是远古包括华人及日本人崇尚食用的高级海鲜。其原产地在美国和加拿大北太平洋沿海，生活在海底沙堆中，每只重1000~2000克。因其拥

有又大又多肉的红管，被人们称为"象拔蚌"。贝壳一般为卵圆形或椭圆形，左右两壳相等，表壳为黄褐色或黄白色。肉足大而肥美，伸出壳外。象拔蚌肉特别爽脆，鲜嫩回甜，是做刺身的绝佳材料。酒楼食肆大多以烹制风味独特的"象拔蚌刺身"菜式吸引顾客，其售价虽昂贵，但仍颇受消费者欢迎。

10. 北极贝

北极贝通常在北大西洋50~60米深海底缓慢生长，因为生长环境非常干净，所以形成了其天然独特的鲜甜味道。与其他贝类海产相比，北极贝中的胆固醇含量低，对人体有良好的保健功效，有滋阴平阳、养胃健脾等作用，是上等的食品原料。鲜活的北极贝呈深紫色，焯熟后呈玫瑰红和白色，非常漂亮，令人食欲大增。北极贝味道非常鲜美、口感爽脆鲜甜，十分适合制作刺身。

11. 扇贝

扇贝有两个壳，大小几乎相等，壳面一般为紫褐色、浅褐色、黄褐色、红褐色、杏黄色、灰白色等。它的贝壳很像扇面，所以就很自然地获得了"扇贝"这个名称。扇贝具有降低血清和胆固醇的作用。贝壳内面为白色，壳内的肌肉为可食部位。扇贝只有一块闭壳肌，闭壳肌肉色洁白、细嫩、味道鲜美。

12. 贻贝

贻贝又称壳菜、海红、淡菜、青口等。我国沿海均有分布，主产于渤海、黄海。贻贝两壳相等，略呈长三角形，壳表面为紫黑色，有细密生长纹，被有黑褐色壳皮，壳内面为白色并略带青紫。前闭壳肌退化，后闭壳肌发达。壳顶尖，壳质脆薄。贻贝营养丰富，含钙、磷、铁、碘等微量元素，具有滋阴、补肝肾、益精血、调经的功效。贻贝肉质细嫩，滋味鲜美，口感滑嫩，经常被用于制作刺身。

13. 鲍鱼

鲍鱼是一种原始的海洋贝类，是单壳软体动物。鲍鱼是中国传统的名贵食材，为四大海味之首。鲍鱼品种较多，有澳洲黑边鲍、青边鲍、棕边鲍和幼鲍；日本网鲍、窝麻鲍和吉品鲍，其中网鲍为鲍中极品。我国北部沿海常见的是皱纹盘鲍，南部沿海常见的为杂色鲍。鲍鱼的贝壳呈耳状，质坚厚，螺旋部很小，体螺层极大，几乎占壳的全部；壳表面有螺纹，侧边缘有8~9个孔；足部肥厚，是主要的食用部分。其肉质细嫩、滋味鲜美，生吃口感柔滑，为贝中上品。

14. 海胆

海胆体形呈球形、半球形、心形等，壳生有很多能活动的棘，一般生活在印度洋、大西洋的岩石裂缝中，少数穴居泥沙中。常见的有马粪海胆、紫海胆和大连紫海胆等。据《本草纲目》记载，海胆有"治心痛"的功效；近代中医则认为"海胆性味咸平，有软坚散结、化痰消肿的功用"。海胆的可食部分为"海胆黄"，即海胆的生殖腺。在生殖季节，海胆的生殖腺几乎充满整个体腔。此时，海胆的生殖腺为黄色至深黄色，质地饱满，颗粒分明，品质最好。做刺身时应取新鲜海胆洗净，把腹面口部撬裂，露出海胆黄，用小匙舀出，直接食用。

15. 梭子蟹

梭子蟹俗称枪蟹、白蟹、盖子等，头胸甲两侧具有梭形长棘。雄性脐尖而光滑，螯长大，壳面带青色；雌性脐圆有绒毛，壳面呈赭色，或有斑点。梭子蟹肉质细嫩、洁白、肉肥味美，有较高的营养价值和经济价值，且适宜于海水养殖。我国沿海均产，黄海北部产量较多。蟹含有丰富的蛋白质及微量元素，对身体有很好的滋补作用。蟹还有抗结核作用，吃蟹对结核病患者的康复大有裨益。

16. 青蟹

青蟹俗称锯缘青蟹、朝蟹、膏蟹、肉蟹等。蟹甲壳呈椭圆形，体扁平、无毛，头胸部发达，双螯强有力，后足形如棹。头胸甲宽约为长的1.5倍，背面隆起，头滑；头胸甲表面有明显的"H"形凹痕；前额有4个突出的三角形齿，齿的大小及间距大致相等；前侧缘有9个大小相似、突出的三角形齿。青蟹主要分布在浙江以南海域，是我国南方主要食用海蟹之一。蟹不可与南瓜、蜂蜜、橙子、梨、石榴、西红柿、香瓜、蜗牛等同食，吃螃蟹不可饮用冷饮，否则易导致腹泻。青蟹肉质细嫩，肉色洁白，肉比较多，滋味鲜美。

17. 章鱼

章鱼又称八爪鱼或八带鱼。章鱼其实不是鱼，它是软体动物门头足纲动物。其形态特点是胴部短小，呈卵圆形，无肉鳍，头上生有发达的8条腕，故称八带鱼。各腕均较长，内壳退化。章鱼含有丰富的蛋白质、矿物质等营养物质，且富含抗疲劳、抗衰老的重要保健因子牛磺酸。章鱼肉质柔软、鲜嫩，是制作刺身的优质原材料，韩国人最爱吃"晕厥章鱼"。

18. 乌贼

乌贼又称墨鱼、墨斗鱼。乌贼遇到强敌时会以"喷墨"作为逃生的方法，伺机离开，因而有乌贼、墨鱼等名称。乌贼属软体动物门头足纲。其胴部呈袋状，左右对称，背腹略扁平，侧缘绕以狭鳍，头发达，眼大，共有10条腕；内壳呈舟状，很大，后端有骨针，埋于外套膜中；体色苍白，皮下有色素细胞；体内墨囊发达。墨鱼不但味感鲜脆爽口，蛋白质含量高，具有较高的营养价值，而且富有药用价值。

19. 枪乌贼

枪乌贼俗称鱿鱼、柔鱼等。其胴部为袋状，呈长圆锥形；两鳍分列于胴部两侧后端，并相合成菱形，头部两侧眼较大，共有10条腕；内壳角质，细、薄而透明。我国沿海均有分布，南海产量较多，尤以广东、福建出产量较高。鱿鱼的上市期为5—9月。鱿鱼具有养血滋阴、补心统脉的功效，可用于治疗慢性肝炎、降低胆固醇等。鱿鱼肉质细嫩、色泽洁白、滋味鲜美，做刺身以大为佳，口感爽脆。

（二）刺身原料的选择

春吃北极贝、象拔蚌、海胆（春至夏初）。

夏吃鱿鱼、鲥鱼、池鱼、鲣鱼、池鱼王、剑鱼（夏末秋初）、三文鱼（夏至冬初）。

秋吃花鲢（秋及冬季）、鲣鱼。

冬吃八爪鱼、赤贝、带子、甜虾、鲕鱼、章红鱼、油甘鱼、金枪鱼、剑鱼。

其他如鸡肉、鹿肉和马肉等，都可以成为制作刺身的原料。

（三）刺身刀工成型

1. 刀具

刺身类菜肴制作
及注意事项

刺身类菜肴非常强调原料形态和色彩的赏心悦目。在做刺身时，如果用不合适或不锋利的刀具，那么切割时就会破坏原料的形态和纤维组织，造成脂类溃破，从而破坏原料本身的特殊风味。处理刺身的刀具相当重要，制作人员一般都有5～6把专用刀具，这些刀按外形可分为两类，一类刀背较厚，近半寸，尖头短身，多用来斩鱼头及鱼肉，可以轻易斩断鱼骨，称为出刃庖刀。另一类则称为柳刃庖刀，刀锋薄，刀身较长，用以将大块鱼肉切成等份或切成片状，按用途分则可分为去鳞、横剖、纵剖、切骨等用刀。另外，做刺身用得比较多的工具还有刺身筷。刺身筷细而长，一端尖细，专门用于将切好、排好的片状料摆放于盘中。

2. 常用刀法

（1）退拉切。右手执刀，从鱼的右边开始切。将刀的刀根部轻轻压在鱼肉上面，以直线往自己方向退拉着切。切好的第一片使其横倒、靠右边，第二片倾斜靠在第一片上，第三片靠在第二片上，依次这样一边切一边顺手摆整齐，直到切完。切时最好一刀切完一片，这样切出的鱼片光洁，动作潇洒利落，给人以美感。

（2）削切。把整理好的一块鱼肉放在砧板上，从鱼的左端开始下刀。刀斜切进鱼肉，再向自己的方向拉引，直至一片鱼肉切完，再用同样刀法将整块切完。每切好一片，用左手将鱼片叠放整齐，方便装盘。

（3）抖刀切。把鱼肉放在砧板上，从鱼肉的左端开始切。刀斜切进鱼肉，立即开始均匀抖刀切，向自己的方向拉引，左手将切好的鱼肉叠放整齐即装盘。此刀法多用于切章鱼、象拔蚌、鲍鱼等。

3. 成型厚度

无论运用哪种刀法都要顶刀切，这样切出的鱼片筋纹短，利于咀嚼，口感好。刀忌顺着鱼肉的筋纹切，因为筋纹太长会使口感不好。要特别注意的是，鱼肉一定要剔净鱼骨，装进盘里的生鱼片，绝对不能有鱼骨，以防卡住食客，发生危险。

日本刺身一般厚约0.5厘米，如三文鱼、鲔鱼、鲫鱼、旗鱼等。这个厚度，吃时既不觉腻，也不觉得没有料。不过像横县鱼生、顺德鱼生的鱼得切很薄，约0.5毫米厚，要求薄如蝉翼，因为这些地方采用的江河鱼肉质紧密、硬实，所以要切得薄才好吃。至于章鱼之类只能根据各部位体形切成各不相同的块了，还有的刺身，如牡蛎、螺肉、海胆、寸把长的小鱼儿、鱼子之类，就可以整个地食用。

（四）刺身的装盘造型方法

刺身的装盘方法有锥形拼摆法、平面拼摆法、环围拼摆法、什锦拼摆法和象形拼摆法等。刺身的装盘方法，原则上强调正面视觉。例如，山的造型装盘方法，盘子前面的原材料应堆放得低一点，品种可以多些，强调山上有小的点缀物，山下犹如海水缓缓流过的境界。山可以用白萝卜丝、京葱丝等堆放而成，还可以加上些点缀物围边，这样整体的均衡感就体现出来了。另外，黑色的原料能够配合盘子的整体视觉效果，因此用海藻、海带、干紫菜等衬托，往往会起到较好的效果。

提供刺身菜肴时，原料要求有冰凉的感觉，可以先用冰凉的净水泡洗，还可以先以碎冰打底，面上再铺生鱼片。出于卫生考虑，应先在碎冰上铺保鲜膜，然后再放生鱼片。

1. 锥形拼摆法

锥形拼摆法是在盛器的底部用冰块、萝卜丝或其他原料做成锥形，然后把刺身原料在案板上切成片后铺在造型好的冰块或萝卜丝上，最后在盛器中增加一些点缀物，以表现其生动活泼性。这种造型无论从什么角度看都显得立体感强。

2. 平面拼摆法

前面低、后面高是平面拼摆法的典型装盘方式。对于平面拼摆法来说，原料的刀工处理效果是其成败关键。例如，青鱼肉就要切得薄一些，这样吃起来口感才爽脆、滑嫩；金枪鱼肉质比较柔软，就应切厚一些，这样吃起来口感才会有弹性；做墨鱼刺身时，可把墨鱼肉切大片沿盛器周边摆一圈，中间可放些点缀物，还可以配上其他种类的原料共同拼摆。

3. 环围拼摆法

环围拼摆法一般使用圆盘，在中式鱼生（如横县鱼生、顺德鱼生）制作当中运用得较多。拼摆后一般还能看到盘底的底色，所以盘子的底色一般与刺身肉的颜色搭配相适应，使盛器的颜色与刺身原料的颜色融为一体，达到色彩的平衡。

4. 什锦拼摆法

什锦拼摆法就是以一种刺身原料为主料，辅以多种刺身原料拼摆在一起，间隔处可以用一些点缀物装饰，要求有高低起伏，呈现立体感。此造型的另一个突出特点就是方便下筷，即片厚、形大的原料放外层，细小的放里层。这种造型使用的装饰点缀物较多，体现出造型的气势。

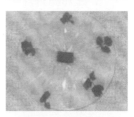

5. 象形拼摆法

刺身象形拼盘，又称艺术拼盘、花色拼盘、工

艺冷盘和图案装饰冷碟等。它是在保持原料营养成分的基础上，将各种刺身原料按照原料本来的形状特点，采用不同的刀法和拼贴技巧，制作成与加工前基本相似的造型刺身。象形拼盘不仅要求造型美观、逼真、艺术性强，而且还要求选料多样、注重食用性、富有艺术感。

（五）食用刺身的味汁

刺身的佐料主要有酱油、山葵泥或山葵膏（浅绿色，类似芥末），还有醋、姜末、萝卜泥和煎酒。在食用动物性原料刺身时，前两者是必备的，其余则可视地区不同以及各人的爱好加以增减。酒和醋在古代几乎是必需的。新鲜、口感好、不同品种的刺身原料有其固有的香味，同时为进一步适应我国各地区消费者的饮食口味，单一的味料是远远不够的，因此完全可以在突破主味的基础上用刺身酱油混合其他材料进行变化，产生新的味型。下面介绍几种不同味型的味汁。

1. 豉油刺身汁

原料：卡夫奇妙酱25克、青芥辣膏15克、水果沙拉酱20克、豉油汁20克、柠檬汁15克。

制法：把卡夫奇妙酱、青芥辣膏、水果沙拉酱搅拌均匀后，再将豉油汁、柠檬汁慢慢加入混合酱中，一边加一边搅打，充分调匀后即可。

适用范围：龙虾刺身、北极贝刺身、海参刺身等。

2. 酸辣刺身汁

原料：鱼生酱油50克、大红浙醋20克、红腐乳15克、辣椒酱15克、青芥辣膏15克、姜末20克、鱼子酱20克、生抽40克。

制法：把红腐乳压碎成泥，加入青芥辣膏、鱼子酱、辣椒酱搅拌均匀后再调入其他料调匀即可。

适用范围：青竹鱼刺身、青鱼刺身、黑鱼刺身、鳜鱼刺身等。

3. 酱油醋芥汁

原料：鱼生酱油50克、纯米醋50克、青芥辣膏10克、腌渍梅子1小粒、腌渍枪鱼肉10克。

制法：把腌渍梅子、腌渍枪鱼肉剁碎，加入鱼生酱油、纯米醋、青芥辣膏调和均匀即可。

适用范围：金枪鱼刺身、三文鱼刺身、北极贝刺身、象拔蚌刺身等。

4. 什锦刺身汁

原料：泡野山椒5粒、青椒20克、青芥辣膏10克、鱼生酱油30克、纯米醋10克、柠檬汁5克、精盐2克、芝麻油10克、白糖5克、紫苏叶2片，香菜、柠檬叶、姜末适量。

制法：将紫苏叶、香菜、柠檬叶切成细丝，泡野山椒、青椒切成小粒，再用汤汁碗加入柠檬汁、纯米醋、精盐、鱼生酱油、白糖、青芥辣膏，加入矿泉水调和均匀后，再调入各种切好的原料，淋入芝麻油调匀即可。

适用范围：鱿鱼刺身、章鱼刺身、比目鱼刺身等。

5. 蚝芥汁

原料：蚝油40克、纯米醋5克、白糖5克、鱼生酱油10克、青芥辣膏15克、香油20克、蒜末5克、白胡椒粉3克。

制法：将以上原料混合均匀即成。

适用范围：扇贝刺身、贻贝刺身、蟹肉刺身、金枪鱼刺身等。

6. 果味刺身汁

原料：苹果醋5克、橙汁20克、番茄汁15克、椰浆5克、什锦果酱10克、青芥辣膏10克、米酒4克、白糖5克、熟白芝麻2克、花生油5克。

制法：将以上原料混合均匀即可。

适用范围：北极贝刺身、三文鱼刺身、鲍鱼刺身、金枪鱼刺身等。

7. 甜酸刺身汁

原料：橙汁15克、炼乳10克、青芥辣膏5克、蜂蜜6克、纯米醋3克、泰式鸡酱4克、熟白芝麻2克。

制法：将以上原料混合均匀即可。

适用范围：牡蛎刺身、瓜螺刺身、海参刺身、墨鱼刺身、鲷鱼刺身等。

8. 蒜香辣酱油汁

原料：蒜瓣2粒、小米椒2粒、鱼生酱油25克、香醋5克、香油3克、花生油2克、清汤30克、盐2克、味精1克。

制法：把蒜瓣、小米椒剁碎后加入汤汁碗中，调入其他调味料调和均匀即可。

适用范围：青鱼刺身、斑鱼刺身、鲷鱼刺身等。

9. 柠檬酱油汁

原料：柠檬汁20克、腌制枪鱼肉10克、鱼生酱油40克、鱼清汤50克、盐2克、白胡椒粉1克、花生油5克。

制法：把腌制枪鱼肉剁碎后加入其他调味料调和均匀即可。

适用范围：龙虾刺身、三文鱼刺身、蟹肉刺身、鱿鱼刺身、比目鱼刺身等。

10. 紫苏松子汁

原料：紫苏叶15克、松子仁5克、清汤25克、米酒5克、味精2克、花生油5克、精盐2克、青芥辣膏3克。

制法：把紫苏叶剁细、松子拍碎后加入汤汁碗中，加入其他调味料调和均匀即可。

适用范围：龙虾刺身、鲍鱼刺身、三文鱼刺身、鲷鱼刺身、牡蛎刺身等。

（六）刺身制作的注意事项

刺身的制作不仅仅要严格按照《食品安全法》及行业规范、厨房冷菜间食品卫生管理制度来控制食品安全，还应注意所选的原料必须新鲜、无污染。此外，制作刺身所用的刀具、盛器、砧板等都必须和一般冷菜加工用具分开使用。具体来说，刺身制作必须

掌握以下三个要点。

1. 原料必须新鲜度高、防寄生虫

做刺身的原料须绝对新鲜，自然死亡或人工宰杀后自然存放超过20分钟的原料，不论是否变质均不能用于制作刺身。因为它们的肠胃里带有大量的致病细菌和有毒物质，一旦死亡便会迅速繁殖和扩散，食之极易中毒甚至有生命危险，所以不能使用。

做刺身尽量不要用淡水鱼类，如果非要选择淡水鱼，也应选择无污染的野生江河鱼，决不要选用人工养殖的鱼类。因为人工养殖所用的饲料及养殖环境都极可能引发寄生虫生长，并寄存在鱼的肌肉组织中。这样的鱼片生吃后，寄生虫也随之进入人体。颚口线虫还能在皮肤内自由移动，使皮肤表面形成一条条红线。当然海水鱼也并非全都安全，只有远洋鱼类且生活于深海处的鱼类才相对安全。例如，三文鱼、鳕鱼虽然都属海水鱼，但日本、韩国的一些专家在其体内也检测出了异尖线虫，该寄生虫对人体危害性很大。

2. 以科学的方式保存刺身原料

对于鲜活的刺身原料，在酒店活养、储存过程中应有专人负责养殖看护，对投放的饲料和活养的水质都应进行科学化验，在确保其没有污染后方可投放。当冷藏或冷冻的海鲜送到酒店时，应要求出示食品安全检测报告，符合刺身食品安全标准的应立即验收然后储存在冷冻柜或冷藏柜内，以保持所需的温度。冷冻食品需储存在-18℃以下。冷藏储存是指在0~4℃储存食物。对冷冻和冷藏库的温度必须定期检查，并做好记录。同时还应做到刺身原料同其他原料分开存放，未经切配的原料应与已切配的原料分开存放，经切配、装盘成型后及在保鲜、传送给顾客的途中应用保鲜膜或保鲜盖盖好。对已做好当餐没销售完或客人剩余的刺身应立即处理掉，严禁再次销售。

3. 操作严格符合卫生要求

鱼类原料容易滋生可引起食源性疾病的微生物（称为食源性病原体），另一些微生物可引致食物腐败，使食物变色或变味。部分病原体可能附在生的食物中，并在食物制作过程中存留下来。例如，副溶血性弧菌通常可在海鲜中发现，而金黄色葡萄球菌和沙门氏球菌则可能在食物加工时，因交叉污染或处理不当而引进食物中。

因此，刺身加工必须在一个通风良好、温度适宜、清洁卫生的独立工作范围内进行。刺身加工人员必须严格注意个人卫生，必须专人加工，不得带病、带伤上岗，同时制作人员的双手必须彻底消毒，制作过程中尽量减少直接触碰食物和说话，尽可能佩戴专用手套、口罩、帽子等。所有用具必须专用，使用前后都应彻底消毒。

三、刺身类菜肴的制作实例

（一）横县鱼生

1. 菜肴简介

横县鱼生俗称"两片"，历来被广西横县人称作"县菜"，它代表着广西横县的烹饪技术和饮食文化的最高水准，以及接待客人的最高规格。据说，曾经有一位日本料理大师慕名从日本来到广西横县，看过横县的鱼生师傅做鱼生的工序，在品尝完这道名菜之后，大呼："这才是真正的鱼生料理！"横县鱼生之所以出名、美味，与其做法工艺之独特、选料配料之精细有着密切的关系。

2. 原料组成

主料：青竹鱼1条（约1千克）。

辅料：白萝卜80克、胡萝卜100克、酸藠头50克、酸柠檬1个、酸姜50克、生姜50克、洋葱40克、泡青椒3个、紫苏叶15片、香菜叶25克、葱头65克、薄荷叶30片、大葱40克、柠檬叶20片、花生仁100克、香芋120克、粉丝30克、小米椒5只、木瓜50克。

调料：盐2克、香油10克、花生油7克、青芥辣膏15克、鱼生酱油70克、香醋15克、蒜米13克、小米椒碎5克、熟白芝麻2克、清汤30克。

3. 制作方法

（1）细料加工。把白萝卜、胡萝卜、紫苏叶、柠檬叶、薄荷叶、大葱、生姜、香菜叶、洋葱切成银针丝，葱头顶刀切成圆片后小火炸酥，小米椒切小圆圈片，然后用鱼生专用配菜碟把这些原料分别装入盘中。

（2）粗料加工。把花生仁炸酥并加少量的盐拌匀，酸藠头切片，香芋切二粗丝后炸酥，酸柠檬连皮切成二粗丝，酸姜切二粗丝，木瓜切小丁，粉丝炸酥，泡青椒切成0.1厘米厚的圆片，然后用鱼生专用配菜碟把这些原料分别装入盘中。

（3）味汁调制。①醋酱调制：把香醋10克、鱼生酱油15克、蒜米4克调和均匀即可。②芥末酱油汁：把青芥辣膏15克、鱼生酱油30克调和均匀即可。③蒜香辣酱油汁：把蒜米6克、小米椒碎5克、鱼生酱油25克、香醋5克、花生油2克、清汤30克、盐2克调和均匀即可。④香油汁：把香油10克、花生油5克、蒜米3克、熟白芝麻2克调和均匀即可。

（4）鱼片加工。①取一条鱼，剥掉鱼鳃，在鱼尾左右两边各割一刀，深度到鱼脊骨处，然后放入水槽中，待鱼在游动挣扎中流尽血液。②待血放干净后，将鱼鳞刮净，用干净的消毒毛巾或吸水性强的纸将鱼抹干，但切记不要将鱼开膛。③将砧板洗净，用吸水纸或毛巾擦干，将鱼平放，沿鱼脊背用刀轻切开一条缝，看清鱼骨走向，再用刀顺着鱼骨切下，在鱼尾与鱼身以及鱼头与鱼身结合处割开，开到鱼胸骨的2/3处，片下一条无刺的鱼肉，马上用吸水纸（要用干净、吸水性强的草纸，不要用卷筒纸，因为会掉纸屑）或消毒过的干净毛巾包好，内外都要包，以吸掉鱼肉中的水分。将鱼翻身，在另一边也片下一条鱼肉。④将吸水纸小心地剥去，不要在鱼肉上留下纸屑。鱼皮朝下放在砧板上，斜着下刀，将鱼肉和鱼皮分开，把鱼肉切成大片、极薄的肉片，鱼肚处的肉较薄，不能切片，就切成细长的丝。⑤把片好的鱼片整齐地摆放在垫有冰块并用保鲜膜覆盖的盘内。

4. 成菜特点

色泽：鱼肉洁白，晶莹剔透，无血污。

成型：粗、细料加工的粗细程度一致，装盘整齐美观。

（1）品种选择。吃鱼生要选好鱼的品种，青竹鱼、桂花鱼、草鱼、鲤鱼等江河无污染有鳞鱼都可加工成鱼生，但正宗横县鱼生均选用产自其境内郁江的原生态活鱼。郁江是横县的主流水系，水流湍急、冲击力大，所产鲜鱼尾部肌肉特别发达，结实强劲，口感较好，以肥厚少刺的青竹鱼为最好。

（2）鱼肉要洁白。"白"就是鱼肉莹白如雪、玲珑可观，鱼肉的肌理纤毫毕见。要"白"就要把血放干净，最好的办法是将鱼割鳃后继续放入水中，这样鱼不会马上死去而是在水中放血，几分钟后，血尽鱼亡，鱼肉就会莹白如雪、玉色逼人。当然也可以斩尾，让鱼血自然滴落，但肉色白不过割鳃，稍逊。

（3）刀工处理要薄。"薄"即鱼片要切得薄如蝉翼，这样才容易入味。要想切薄片，须准备一把极快的刀，左手拇指、食指压住鱼肉，右手握刀，看准部位，一刀切下，片皮滑落，可得薄片。展开一看，鱼片薄得可见字的为上品，目不见字的为下品。

（4）味要厚。调料的种类一定要丰富厚重，这样才能压住腥味，才能体会到鱼生的鲜美可口。葱、姜、蒜、辣椒、酱油、醋是必不可少的基本配料，横县鱼生更在这些基础上加入横县独特的木瓜丁、柠檬、柠檬叶、洋葱、芋头丝等20多种配料，再配上横县本地花生油、香油、青芥辣膏等多种生鲜猛料，这样才能真正体现横县鱼生的香、滑、爽、脆、鲜等特点。

6. 健康提示

由于没有受到炒、炸、蒸等烹饪方法的破坏，鱼生自身丰富的蛋白质、维生素与微量矿物质都得以保存，有助于感冒发烧的治疗。鱼生的脂肪含量低，含有不少具美容养颜功效的脂肪酸，适合爱美的女性朋友食用。鱼生鲜美可口，质地柔软，易咀嚼消化，但应注意适量食用。

（二）顺德鱼生

1. 菜肴简介

顺德鱼生不同于普通的日式刺身，它充分体现了中国饮食文化的丰富深远，是广东顺德菜的代表，与广西横县鱼生有异曲同工之处。有人说，来顺德不吃鱼，等于没到过顺德；而凡在顺德吃过鱼的人，都难忘顺德鱼生的滋味。当今的顺德鱼生制作通常以江河鲜鱼为原料，经过刀工切制、调料拌和、选配器皿并装盘等几个环节成菜，与各色食材相结合，以清、鲜、爽、嫩、滑为特色。

2. 原料组成

主料：鲩鱼1条（约750克）。

辅料：酸萝卜100克、胡萝卜120克、酸藠头50克、酸姜50克、生姜50克、洋葱45克、红甜椒50克、泡山椒25克、紫苏叶20片、香菜叶25克、葱头65克、大葱50克、柠檬叶20片、花生仁60克、香芋150克、粉丝30克。

调料：盐10克、糖40克、香油35克、花生油50克、青芥辣膏30克、鱼生酱油70克、香醋15克、蒜米30克、小米椒碎20克、熟白芝麻20克。

3.制作方法

（1）辅料加工。①把酸萝卜、大葱、青葱、紫苏叶、柠檬叶、胡萝卜、红甜椒、洋葱切成银针丝，分别整齐地装入盛器中。②把香芋切成细丝后入油锅炸酥，花生仁炸酥后拍碎，粉丝入油锅炸至起泡酥脆，酸荞头、酸姜切二粗丝，泡山椒去蒂后剁碎，把这些辅料分别整齐地装入盛器中。

（2）味汁调制。把盐、糖、香油、花生油、青芥辣膏、鱼生酱油、香醋、蒜米、小米椒碎、熟白芝麻分别用味碟装好，上桌后由顾客根据自己的口味随意搭配。

（3）鱼片加工。①把鱼放在砧板上，在活鱼下颌处和尾部两侧各割一刀，然后将鱼放回有水流动的水中。②待鱼血放干净后，将鱼鳞刮净，用干净的消毒毛巾或吸水性强且不掉渣的餐巾纸将鱼身抹干。③将鱼平放在已消毒处理且干燥的墩子上，沿鱼脊背用刀轻切开一条缝，用刀顺着鱼骨切下，在鱼尾与鱼身以及鱼头与鱼身结合处割开，片到鱼胸骨的2/3处，片下一条无刺的鱼肉，马上用干净的消毒毛巾或吸水性强且不掉渣的餐巾纸包好，内外都要包，以吸掉鱼肉中的水分。将鱼翻身，用相同方法取下另一边的鱼片。④将吸水纸小心地剥去，鱼皮朝下放在砧板上，斜着下刀，将鱼肉和鱼皮分开，把鱼肉采用连刀片的形式切成极薄的鱼片（越薄越好）。⑤把切好的鱼片整齐地摆放在专用的鱼生器皿里面。⑥把切好的生鱼片同各种辅料和调味汁一起上桌。

（4）下脚料充分利用。鱼头、鱼尾和鱼骨煲粥，鱼腩油炸，鱼肠、鱼鳔焗蛋，鱼皮汆水后捞起凉拌。

4.技术要领

（1）选料。一般选用重约750克的"壮鱼"（传统制法是选用江河有鳞鱼类，现在很多酒楼也开始选用海产有鳞鱼类），这类鱼的鱼肉鲜美嫩滑，恰到好处。

（2）瘦身。鱼买回来后，先放在无污染的山泉水中饿养"瘦身"几天，消耗其体内脂肪，经此做出来的鱼生肉实甘爽。

（3）放血。顺德鱼生最讲"品相"，鱼肉必须要透明晶莹才算好，因此在做鱼生时非常讲究放血，该步骤也是"技术含量"之所在。一般是在完整无伤的活鱼下颌处和尾部各割一刀，然后将鱼放回水中，待鱼在游动挣扎中流尽鲜血，便能得到毫无瘀血、洁白如霜的鱼肉。

（4）切片。鱼生好不好吃，全看师傅的刀工。把鱼背的肉起出后切片，强调的是"薄"，最理想的厚度为0.5毫米左右。

（三）日式刺身

1.菜肴简介

刺身（中国称其为"生鱼片"）是日本的传统食品，其在日本料理中的地位无可替代，是日本料理中最"清淡"的菜式，非常受日本

刺身制作

人欢迎，但在20世纪早期冰箱尚未发明前，日本内陆很少有人吃，只是在沿海地区比较流行。随着保鲜和运输技术的改进，食用刺身的人也多了起来，而且越来越受到世界各地人们的欢迎。

日本人吃鱼有生、熟、干、腌等各种吃法，其中以刺身最为常见和名贵。国宴或平民请客以招待生鱼片为最高礼节。日本一般的刺身以鲣鱼、鲷鱼、鲈鱼配制而成，最高档的刺身原料是金枪鱼。

2. 原料组成

主料：各种刺身原料各50克（金枪鱼、三文鱼、鲷鱼、比目鱼、甜虾、北极贝等）。

辅料：白萝卜250克、柠檬1个、紫苏叶10片、青竹叶10片、番芫荽20克、黄瓜100克、冰块500克。

调料：刺身酱油50克、芥末膏20克、红萝卜泥50克、柠檬醋50克、日式泡姜片35克。

3. 制作方法

（1）把金枪鱼肉、三文鱼肉切厚片；甜虾进沸水锅焯至颜色呈橘红色，出锅后用冰水激凉；比目鱼肉、鲷鱼肉切成薄片。

（2）白萝卜切成细丝后用冰水冰镇至爽脆，黄瓜切成椭圆片，柠檬切成圆片。

（3）把冰块铺在刺身盛器里然后用保鲜膜覆盖，用冰镇过的白萝卜丝垫底，然后用柠檬片、黄瓜片、番芫荽、紫苏叶配合改刀后的金枪鱼、三文鱼、比目鱼、鲷鱼、甜虾等按照高低起伏、错落有致、美观大方的标准摆入盛器中即可。

（4）把刺身酱油、芥末膏、红萝卜泥、柠檬醋、日式泡姜片分别用味碟装配好，和摆好盘的刺身一起上桌即可。

4. 成菜特点

刀工：干净、利落、整齐。

装盘：高低起伏、错落有致、美观大方。

口感：柔嫩鲜美、口味多样。

5. 技术要领

（1）选料一定要新鲜，不能使用二次冷冻的刺身原料，这是保证刺身质量的根本要求。

（2）刺身原料表皮的水一定要用消毒毛巾吸干净，且切刺身原料的刀也不能沾水，避免滋生细菌，以保持原料鲜嫩滑爽的口感。

（3）刺少、肉质疏松的刺身应切成0.5厘米左右的厚片，如三文鱼、金枪鱼、鲔鱼、鲥鱼、旗鱼等。这个厚度，顾客吃时既不觉得腻，也不会觉得没有料。刺多、肉质紧密硬实的刺身原料应切成0.1厘米左右的厚片，如鲷鱼、鲈鱼、鳜鱼、青竹鱼等，这类鱼只有切得薄才好吃。

（4）加工刺身时，都要顶丝切，即刀与鱼肉的纹理应呈90°。这样切出的鱼片筋纹短，利于咀嚼，口感也好。切忌顺着鱼肉的纹理切，因为这样切出的鱼片筋纹太长，口感也不好。

6. 健康提示

刺身类菜肴热量较低，且含丰富的优质蛋白，适合于各类人群食用。此外，刺身还含有较丰富的维生素和矿物质铁，是贫血患者食补的良品。

7. 备注

（1）日式刺身佐料有酱油、山葵泥、醋、姜末、萝卜泥、煎酒等。在食用动物性刺身时，前二者几乎是必备的，后几者则可视地区不同以及各人爱好和食肆特色进行增减。

（2）日式刺身装饰料。生鱼片多选用半圆形、船形或扇形等精美竹制餐具作为盛器，再以新鲜的番芫荽、紫苏叶、薄荷叶、海草、菊花、黄瓜花、生姜片、细萝卜丝、酸橘等作为配饰料。这样既体现出日本人亲近自然的食文化，同时这些配饰料也可作装饰和点缀，还起到去腥增鲜、增进食欲的作用。

（3）食用顺序。按照日本人的习惯，当有多种刺身原料时应从相对清淡的原料开始吃起，通常次序为：北极贝、八爪鱼、象拔蚌、赤贝、带子、甜虾、海胆、鱿鱼、金枪鱼、三文鱼、剑鱼。

第五节　主题宴会冷菜制作实例

（1）梅兰竹菊（一）

冷菜工艺 LENGCAI GONGYI

（2）梅兰竹菊（二）

1. 用香笋雕出树枝。　2. 雕好梅花和石头。

梅

3. 放好牛肉片、萝卜卷，做好假山。　4. 放好西兰花和小草。

兰

1. 用烫熟的蒜苗做出兰花
花茎。

2. 放上雕好的兰花及备好
的牛肉、虾仁和黄瓜。

3. 放好假山。

4. 最后放上西兰花和围边
饰品。

1. 用青萝卜雕出竹身。

2. 雕好假山，放好虾仁和
红肠片。

竹

3. 放好各种颜色的假山。

4. 放上西兰花和小草。

1. 用西芹做出茎。

2. 用心里美做出菊花。

菊

3. 放上虾仁、牛肉片、胡
萝卜片、青萝卜片、心
里美片。

4. 放上西兰花及小草即可。

（3）特色冷盘组合

春

印象

春夏秋冬

春夏秋冬

寻味江南

（4）西湖十景

西湖十景全景图

雷峰夕照

双峰插云

断桥残雪

南屏晚钟

三潭印月

苏堤春晓

曲院风荷

柳浪闻莺

花港观鱼

平湖秋月